Manpreet Singh Malhi
Sukhdeep Kaur

Deteção de ortólogos e parálogos utilizando a árvore filogenética

Manpreet Singh Malhi
Sukhdeep Kaur

Deteção de ortólogos e parálogos utilizando a árvore filogenética

ScienciaScripts

Imprint

Cover image: www.ingimage.com

This book is a translation from the original published under ISBN 978-3-330-33234-8.

Publisher:
Sciencia Scripts
is a trademark of
Dodo Books Indian Ocean Ltd. and OmniScriptum S.R.L publishing group

120 High Road, East Finchley, London, N2 9ED, United Kingdom
Str. Armeneasca 28/1, office 1, Chisinau MD-2012, Republic of Moldova, Europe
Managing Directors: Ieva Konstantinova, Victoria Ursu
info@omniscriptum.com

Printed at: see last page
ISBN: 978-620-8-40576-2

Capítulo 1 2
Capítulo 2 11
Capítulo 3 28
Capítulo 4 36
Capítulo 5 39
REFERÊNCIAS 42
APÊNDICE 49

Capítulo 1 <u>INTRODUÇÃO</u>

1.1 Bioinformática

A bioinformática engloba a tecnologia informática para a gestão da informação biológica. Os sistemas informáticos são utilizados para recolher, armazenar e analisar informações, que podem depois ser utilizadas para várias aplicações bioinformáticas. Trata-se, de facto, de um domínio de investigação interdisciplinar entre a informática e a biologia. Java, XML, Perl, C, C++, PHP e MATLAB são apenas algumas das ferramentas e tecnologias de software utilizadas em bioinformática [1].

Os vários domínios da investigação bioinformática são os seguintes:

a) Análise de sequências: este processo determina quais as partes das sequências biológicas que são semelhantes e quais as que são diferentes, para que possam ser efectuadas diferentes análises.
b) Previsão da estrutura das proteínas: esta é uma das tarefas mais importantes no desenvolvimento de medicamentos e de novas enzimas.
c) Anotação do genoma: a anotação envolve a combinação de informação biológica com sequências. Para o efeito, os genes e outras caraterísticas biológicas são marcados nas sequências [2].

1.2 Ácido desoxirribonucleico

O ácido desoxirribonucleico (ADN) é a molécula hereditária de todos os eucariotas e procariotas. O ADN é uma molécula de cadeia dupla constituída por um biopolímero de nucleótidos. Cada nucleótido é constituído pelas bases fosfatadas adenina (A), guanina (G), timina (T) e citosina (C) [1].

1.3 Proteínas

As proteínas são moléculas biológicas compostas por uma ou mais cadeias de aminoácidos dobradas numa estrutura. As proteínas desempenham um papel importante nas actividades funcionais de um organismo, como a replicação do ADN, as actividades metabólicas e as funções celulares. As proteínas são sintetizadas por tradução. Primeiro, ocorre a replicação do ADN, depois a informação do ADN pode ser copiada para o ARNm (ácido ribonucleico mensageiro) através do processo de transcrição. Finalmente, utilizando a informação contida no ARNm, as proteínas podem ser produzidas através do processo de tradução [3]. Este processo de produção de proteínas a partir do ADN é considerado o dogma central da biologia molecular.

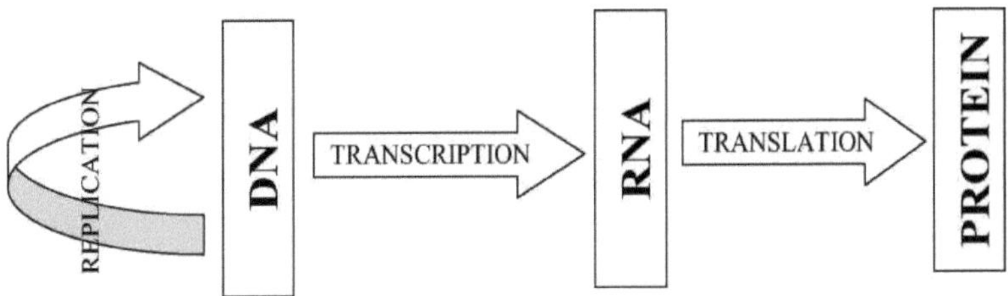

Fig: 1.1 Dogma central da biologia molecular

1.4 Gene

Os genes são definidos como a componente funcional da hereditariedade. Os genes são constituídos por exões e intrões, dos quais os exões formam a parte codificadora. Os genes são herdados dos pais, de modo que todos os indivíduos possuem duas cópias de um gene. Na maioria das vezes, os genes são idênticos em todos os indivíduos, mas alguns genes são diferentes. Estes genes diferentes contribuem para as caraterísticas únicas de cada pessoa. Cada cromossoma tem genes diferentes [4].

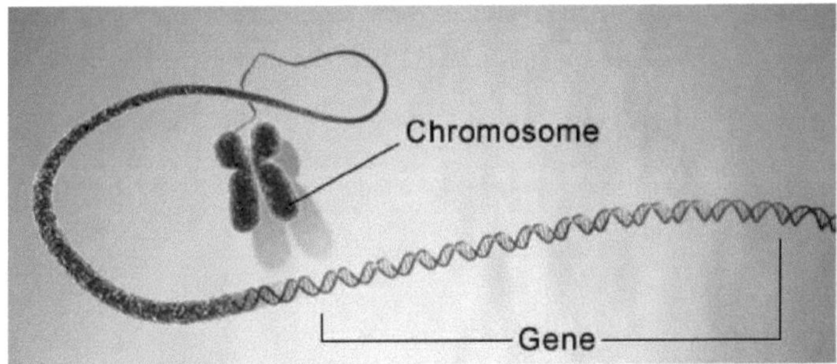

Fig. 1.2 Gene

1.5 Formato FASTA

O formato FASTA é um formato baseado em texto para representar sequências de proteínas e nucleótidos. Na sequência FASTA, os pares de bases no ADN e os aminoácidos nas proteínas são representados por códigos de letra única. As sequências no formato FASTA começam com um símbolo de maior do que (>), seguido de uma representação da sequência numa única linha, seguida de dados da sequência descritos por um grupo de códigos de uma única letra.

Tomemos, por exemplo, as sequências de proteínas para os identificadores do gene F6YT47:

>tr|F6YT47|F6YT47_MACMUNeuroplastinisoformOS=M

acamulatta

GN=NPTN PE=2 SV=1

MSGSSLPSALALSLLLVSGSLLPGGAAQNAGFVKSPMSETKLTGDAFELYC

DVVGSPTPEIQWWYAEVNRAESFRQLWDGARKRVTVNTAYGSNGVSVLRI

TRLTLEDSGTYECRASNDPKRNDLRQNPSITWIRAQATISVLQKPRIVTSEEVII

RDSPVLPVTLQCNLTSSSHTLTYSYWTKNGVELSATRKNASNMEYRINKPRA

EDSGEYHCVYHFVSAPKANATIEVKAAPDITGHKRSENKNEGQDATMYCKS VGYPHPDWIWRKKENGMPMDIVNTSGRFFIINKENYTELNIVNLQITEDPGEY ECNATNAIGSASVTVLRVRSHLAPLWPFLGILAEIIILVVIIVVYEKRKRPDE VPDDDEPAGPMKTNSTNHKDKNLQRNT

1.6 Alinhamento de sequências

A semelhança é o resultado da relação evolutiva entre espécies. Existem dois tipos de comparação de sequências: comparação de pares e comparação de sequências múltiplas (MSA). No caso da comparação de sequências emparelhadas, duas sequências de proteínas ou de ADN são comparadas entre si para determinar as áreas em que são semelhantes. Na comparação múltipla, mais de duas sequências são comparadas simultaneamente para determinar as áreas de semelhança entre elas [5].

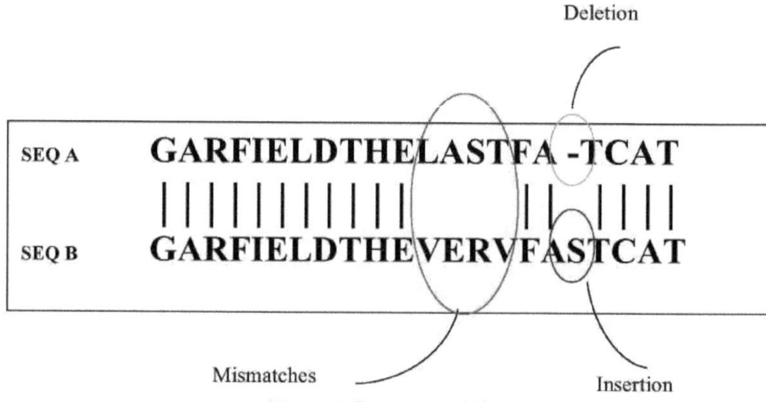

Fig: 1.3 Sequence Alignment

A ilustração mostra a correspondência de sequências entre duas sequências A e B. As linhas pretas sólidas indicam os códigos de sequência correspondentes entre duas sequências, o círculo vermelho indica uma correspondência entre duas sequências e os círculos verde e azul ilustram uma correspondência entre uma sequência e o código de sequência de outra sequência.

1.7 Árvore filogenética

Uma árvore representa a relação gráfica entre organismos, espécies ou sequências genómicas.

sequências.

Em bioinformática, esta baseia-se na sequência genómica. Para

avaliar as relações entre as espécies

, é criada uma árvore filogenética

para ligar os organismos entre si [6]. A teoria evolutiva atual afirma que todas as espécies do planeta descendem de um antepassado comum. Este tipo de relação é designado por filogenia e pode ser representado por árvores filogenéticas que traçam a história evolutiva das espécies em causa. Uma árvore filogenética para os organismos existentes é estabelecida com base em três caraterísticas, nomeadamente morfológicas, fisiológicas e moleculares. A "árvore da vida" representa a filogenia de qualquer organismo, esteja ele extinto ou vivo [7]. Existem dois tipos de árvores: enraizadas e não enraizadas. As árvores enraizadas são aquelas em que todos os outros nós são derivados de um único nó. As árvores não enraizadas são aquelas que não derivam de um único nó [6].

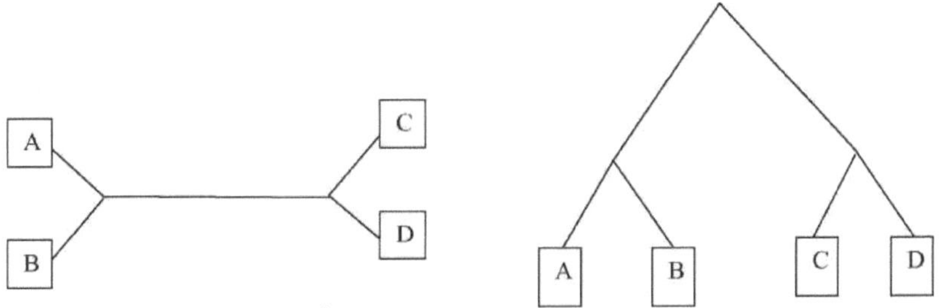

Fig. 1.4: Árvore não enraizada e árvore enraizada

Existe um guião gráfico padrão para representar a árvore genealógica. A raiz representa a origem da evolução. As folhas representam a espécie, o organismo atual. Os ramos mostram a relação entre organismos ou espécies. O período de evolução é representado pelo comprimento dos ramos [8].

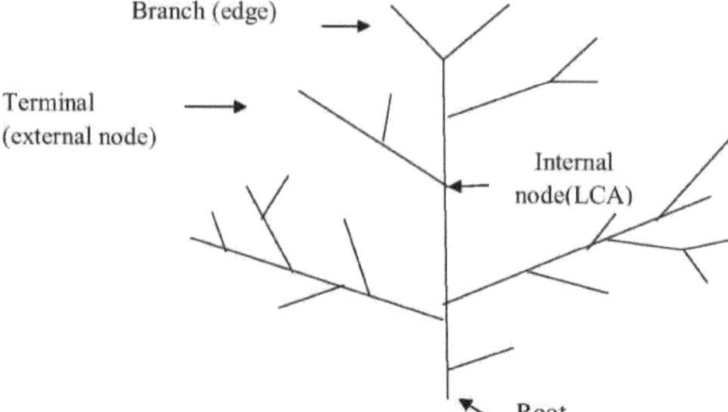

Fig. 1.5: Elementos básicos de uma árvore filogenética

1.8 Métodos de criação de árvores filogenéticas

Existem muitos critérios utilizados para classificar os métodos de criação de árvores. O primeiro tipo é explicado como sendo baseado em critérios ou baseado em algoritmos. Um método baseado em algoritmos envolve uma abordagem passo-a-passo ou uma sequência de passos. No entanto, o método baseado em critérios segue critérios específicos, tais como etapas de otimização. Outro método é o método baseado na distância versus o método baseado nos caracteres [9].

1.8.1 Métodos baseados na distância

Este método utiliza uma distância de pares. Os métodos de distância utilizam a matriz de dissimilaridade do alinhamento de sequências múltiplas para criar uma árvore filogenética. Requerem menos cálculos do que os métodos baseados em caracteres. Os métodos baseados na distância mais comummente utilizados são o método de agrupamento de pares não ponderados (UPGMA) e o método de associação de vizinhos (NJ) [10]. O UPGMA baseia-se num algoritmo de agrupamento ou fonético. Para criar a árvore, são selecionados pares de sequências estreitamente relacionadas. Os ramos da árvore são ligados de acordo com a semelhança entre os pares e a média dos ramos ligados. O UPGMA constrói a topologia filogenética com exatidão, ou seja, com comprimentos de ramos apenas se a divergência corresponder à diferença de sequência bruta [11].

O algoritmo NJ é geralmente utilizado para criar árvores de distância. Neste caso, a árvore totalmente resolvida é derivada de uma árvore em estrela, adicionando sucessivamente ramos dentro de um par de vizinhos isolados de forma fiável e pontos finais à esquerda na árvore filogenética. Este método pode ser relativamente rápido [11]. A abordagem NJ para a construção de árvores utiliza as vantagens do método de agrupamento. É simples de compreender e eficiente de executar. Cria uma árvore não enraizada que revela a relação entre sequências sem determinar um nó de raiz a partir do qual todas as outras sequências foram derivadas.

1.8.2 Métodos baseados em caracteres

Este método não é comum, exceto no que diz respeito à utilização de todos os dados de localização informativos em todas as fases da análise. As localizações informativas são usadas para estimar a consistência de cada localização de base com o arranjo que forma a base ou evidência para todas as outras localizações de base. Este método inclui a máxima parcimónia (MP) e a máxima verosimilhança (ML) [12].

A máxima parcimónia baseia-se na teoria da navalha de Occam, segundo a qual a simplicidade é o melhor. A árvore criada por este método é a mais pequena e tem o menor número de alterações de mutação. Em alguns casos, o método MP é utilizado em detrimento de outros porque é relativamente independente das substituições de nucleótidos e aminoácidos [9]. A Parcimónia Máxima não determina o comprimento do ramo, mas o comprimento total em termos do número de alterações.

O método da máxima verosimilhança (ML) é geralmente escolhido para a criação de árvores. Foi proposto por Felsentein em 1981. Este método é a abordagem mais intensiva do ponto de vista computacional, mas também a mais flexível. O ML encontra a árvore que descreve os dados observados com a maior probabilidade sob um determinado modelo de evolução, porque se baseia na probabilidade [13].

Embora os métodos baseados na distância sejam mais rápidos do que os métodos baseados nos caracteres, estes últimos são menos corretos. [14].

1.9 Ortologia e paralogia

Para podermos tirar conclusões fiáveis sobre as funções dos genes utilizando a análise comparativa do genoma, precisamos de compreender a correspondência entre os genes e, para isso, precisamos de um quadro coerente para descrever as relações evolutivas entre os genes.

Homólogos: o termo "homólogos" refere-se a todos os genes que têm uma origem comum, mas que não têm necessariamente o mesmo objetivo. A homologia entre dois genes não deve ser expressa em termos percentuais. Por exemplo, podemos dizer que ratos e humanos são homólogos ou não-homólogos, mas não podemos dizer que ratos e humanos são 3% ou 4% homólogos.

Existem dois tipos de homólogos: os ortólogos e os parólogos.

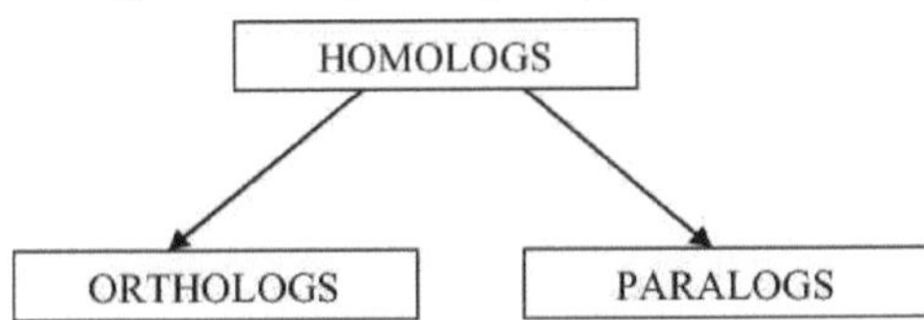

Fig.1.6: Tipos de pares

Os ortólogos são genes homólogos que divergiram como resultado da especiação nos últimos ancestrais comuns. Eles devem ter divergido do mesmo gene ancestral no LCA. Quando uma espécie se divide em duas durante a divisão celular, é provável que as cópias de um único alelo nas duas espécies resultantes sejam ortólogas entre si.

Os parálogos são genes homólogos que se afastaram por duplicação. Quando um gene é considerado duplicado num organismo, pode ser encontrado em dois locais muito distantes no genoma idêntico; estas duas cópias são então chamadas paralogues. Ao longo do tempo, estes genes desenvolvem uma nova função, que pode ou não estar relacionada com a função original [3]. Com base no tempo relativo de duplicação dos genes, os paralogs são subdivididos em in-paralogs e out-paralogs. Os parálogos externos são aqueles em que a duplicação ocorre antes do evento de especiação, e os parálogos internos são aqueles em que a duplicação ocorre após o evento de especiação [15]. O termo "co-ortólogo" é por vezes utilizado para descrever estas relações de muitos para muitos em que existe mais do que um ortólogo válido devido a um evento recente de duplicação de genes [16].

Caraterísticas do ortólogo :

a) Reflexivo: Se A1 é um ortólogo de B1, então B1 é um ortólogo de A1.
b) Transitivo: Se A1 é um ortólogo de B1 e B1 é um ortólogo de C1, então A1 não é necessariamente um ortólogo de C1.

Quando a ortologia é atribuída a genes de mais de duas espécies, as relações podem tornar-se mais complicadas, uma vez que a ortologia é não-transitiva. A ortologia não transitiva indica que dois genes de espécies diferentes, que são ambos ortólogos de um gene de uma terceira espécie, não são necessariamente ortólogos um do outro [17]. Na figura, o evento de duplicação é indicado por um nó quadrado. Nesta figura, A3 e B3 são ortólogos entre si e A4 e B4 são ortólogos entre si. Mas A3 e B3 não são ortólogos de A4 e B4, são paralogues. As quatro sequências A3, B3, A4 e B4 são ortólogas de C2. Aqui, A3 é ortóloga de C2, C2 é ortóloga de A4, mas A3 e A4 não são ortólogas entre si.

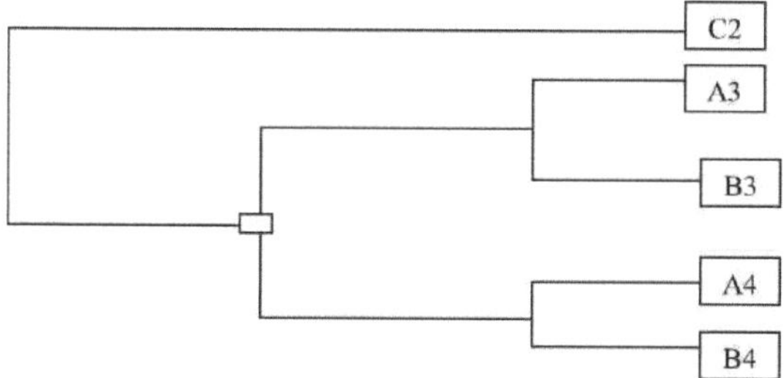

Fig. 1.7: Não transitividade ortóloga

Esta ilustração mostra que a ortologia não é transitiva na natureza. Podem existir duplicações que surgiram antes da especiação; estas são consideradas paralogas e não ortólogas. Ortólogos próximos, como humanos e ratos ou ratos e camundongos, tendem a ter o mesmo papel biológico nos organismos. A previsão exacta dos ortólogos é de extrema importância para a genómica comparativa, uma vez que estes têm a mesma função ao longo da especiação e podem ser utilizados na genómica comparativa para avaliar a função de genes semelhantes desconhecidos [18]. A Figura 1.8 apresenta uma árvore genética filogenética hipotética que mostra todos os tipos de relações entre genes homólogos. Os genes são representados pelas caixas e, na LCA das espécies 1, 2 e 3, havia dois genes precursores a e p.

Os genes al e a2 nas espécies l e 2 separaram-se ambos de um gene precursor comum a no ACL. Estes genes divergiram quando as espécies evoluíram separadamente e são, portanto, exemplos de ortólogos. Os genes al e p3 são exemplos de parálogos, pois surgem da duplicação do gene ap no LCA. Também são classificados como out-paralogues, pois a duplicação do gene ocorreu antes da divergência das espécies 1 e 3. Se a duplicação dos genes ocorrer após a divergência das espécies, como é o caso dos genes a3a e a3b, eles são classificados como in-paralogues. Os in-paralogues podem também satisfazer os critérios de ortólogos, o que significa que derivaram de um gene precursor comum no LCA. O termo co-ortólogo é utilizado para descrever este tipo de relação ortóloga de muitos para muitos (os genes p1a, p1b, p1c e p2a, p2b são exemplos de co-ortólogos).

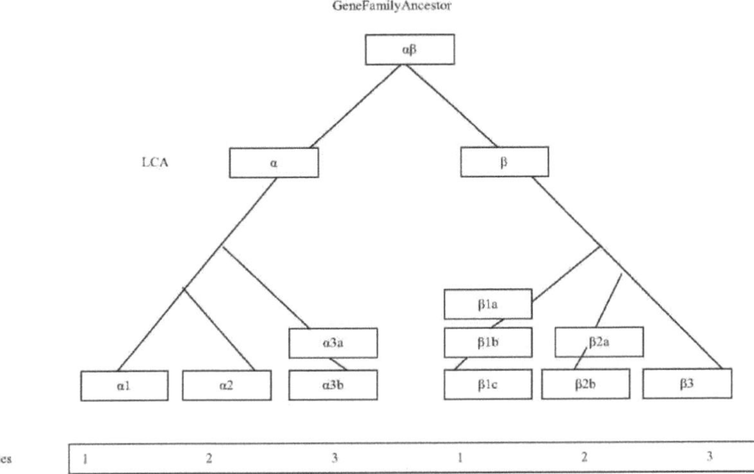

Fig. 1.8: Genes ortólogos e parólogos

1.10. Avaliação do reconhecimento ortológico

Qualquer método de previsão deve ser comparado com uma norma para o validar. No caso da predição de ortologia, isto é complexo, uma vez que não existe uma norma que justifique a necessidade de uma escala qualitativa alargada. A principal dificuldade reside no facto de a história evolutiva exacta de genomas inteiros ser geralmente desconhecida, pelo que não podemos ter a certeza de que a posição de duas proteínas que são homólogas/ortólogas/paralogas é realmente correta [19]. A ortologia e a paralogia não podem ser demonstradas experimentalmente. Consequentemente, a predição só pode ser validada indiretamente, verificando a coerência entre diferentes métodos, quer coincidam ou não. É então feita uma avaliação dos verdadeiros positivos (TP), em que a posição e o comprimento das sequências finais são corretamente previstos, o número de previsões excessivamente positivas ou falsos positivos (FP), os verdadeiros negativos (TN) e o número de resíduos inesperados como falhas ou falsos negativos (FN) das previsões. Os cálculos são efectuados da seguinte forma: O verdadeiro positivo é AP = TP 9

+ TN, os negativos efectivos AN = FP + TN, os positivos previstos PP = TP + FP e os negativos previstos PN = TN + FN.

O coeficiente de correlação CC e a precisão são dados por

$$CC = [(TP)(TN) - (FP)(FN)] / \sqrt{[(AP)(AN)(PP)(PN)]} \quad 1.1$$

$$Accuracy = TP + TN / TP + FN + TN + FP \quad 1.2$$

Capítulo 2

REVISÃO DA LITERATURA

2.1 Reconhecimento de ortólogos e parálogos

Existem dois tipos de métodos de previsão de ortólogos e paralólogos: métodos baseados em árvores e métodos baseados em grafos. Os métodos baseados em árvores utilizam árvores filogenéticas para determinar ortólogos e paralólogos, enquanto os métodos baseados em grafos calculam as semelhanças de sequências aos pares em todo o genoma.

2.1.1 Reconhecimento utilizando a árvore filogenética

Os métodos de árvores filogenéticas identificam ortólogos e parálogos através da criação de árvores filogenéticas e da comparação das árvores de genes filogenéticos com uma árvore de espécies fornecida. Existem muitos métodos de criação e análise de árvores filogenéticas. Em geral, estes métodos são baseados na distância ou nos caracteres. Os métodos baseados na distância são também conhecidos como métodos fenéticos. Os métodos baseados na distância mais utilizados : UPGMA (Unweighted Paired Group Method with Arithmetic Mean), NJ (Neighbour Joining), método ME (Minimum Evolution) e método FM (Fitch-Margoliash). Nos métodos baseados em caracteres, os caracteres são designados por sítios informativos ou não informativos. Existem dois tipos principais de métodos cladísticos: o método MP (Parcimónia máxima) e o método ML (Máxima verosimilhança). Para obter uma previsão de alto rendimento, as etapas de análise devem ser automatizadas. As etapas de um processo típico de previsão ortológica baseada em árvores são descritas a seguir [20]-[22], as sequências de genes para a árvore filogenética devem ser recolhidas. A maioria dos programas utiliza uma pesquisa de semelhança de sequências, como o BLAST, para selecionar genes de genomas para utilização na árvore. Uma vez obtidas as sequências de genes, deve ser criado um alinhamento de sequências múltiplas. Idealmente, as regiões de baixa qualidade são filtradas do alinhamento. De seguida, é criada uma árvore filogenética a partir do alinhamento de sequências múltiplas. Existem dois tipos de métodos de construção de árvores: baseados na distância (por exemplo, UPGMA, união de vizinhos) e baseados nos caracteres (por exemplo, máxima parcimónia). As árvores baseadas na distância requerem menos cálculos, mas são também menos exactas em muitas situações [22]. Algumas ferramentas de previsão ortológica utilizam métodos como o bootstrapping [23] ou criam uma árvore de consenso a partir de vários métodos diferentes de construção de árvores para aumentar a confiança na árvore final [24]. Outros métodos analisam caraterísticas como o comprimento dos ramos para identificar potenciais problemas [20]. A árvore genética é então comparada com a árvore de espécies fornecida. Ao inferir eventos de duplicação e perda de genes ao longo dos ramos, a árvore genética é mapeada para a árvore de espécies. Uma vez estabelecida uma árvore genética correspondente, os ortólogos e paralólogos são deduzidos através da análise da presença ou ausência de eventos de duplicação entre as folhas da árvore.

Uma árvore genética que seja congruente com a árvore das espécies contém, portanto, ortólogos. Em geral, é preferível uma abordagem filogenética para identificar ortólogos [21], [22]. Estes métodos são menos propensos a erros na presença de duplicações e perdas de genes. No entanto, os métodos baseados em árvores têm várias limitações. A criação de uma árvore filogenética envolve geralmente um trabalho computacional considerável. A maior parte dos métodos baseados em árvores não se adapta bem à medida que o número de genomas e sequências aumenta [21]. A fonte aqui, Meta PhOrs, é um dos maiores repositórios de ortólogos previstos por métodos filogenéticos baseados em árvores. Contém previsões de ortólogos para 829 genomas. Esta amplitude da previsão de ortólogos é conseguida através da avaliação de árvores genéticas filogenéticas pré-computadas de outras fontes [25]. Outra limitação dos métodos baseados em árvores é a sensibilidade da criação automática de árvores a distorções nos dados ou a erros na sequenciação múltipla. Um problema bem documentado na criação de árvores é, por exemplo, a atração de ramos longos. Os ramos longos são agrupados numa abordagem de máxima parcimónia, apesar de poderem não ser taxa [26]. Finalmente, uma limitação importante dos métodos baseados em árvores é a necessidade de uma árvore de tipos. Em muitos métodos, a árvore de espécies deve ser uma árvore perfeitamente resolvida, enraizada e com duas ramificações. Algumas ferramentas desenvolveram métodos para calcular a raiz ou para trabalhar com árvores multi-ramificadas [27].

2.1.2 Reconhecimento à base de grafeno

Os métodos baseados em grafos utilizam semelhanças de sequências aos pares para prever ortólogos (os parálogos não são explicitamente reconhecidos nesta abordagem). A premissa proeminente dos métodos baseados em gráficos é que os ortólogos, por derivarem de um gene precursor comum, devem aparecer como os genes mutuamente mais semelhantes nos respectivos genomas. Devido à sua rapidez, o BLAST é o método mais utilizado para determinar a melhor correspondência. Normalmente, o BLAST pode ser executado duas vezes, utilizando cada genoma como consulta e objeto. As melhores correspondências BLAST podem ser registadas para cada gene nos genomas, e os ortólogos são declarados como o par de genes que são as melhores correspondências BLAST recíprocas entre si (esta abordagem é designada por RBB). As diferenças na aplicação podem residir na métrica BLAST utilizada para determinar a melhor correspondência: valor E, percentagem de identidade ou bit-score, e na forma de tratar os empates múltiplos ou os melhores resultados [21].

Na prática, o método RBB funciona bem e pode, nalguns casos, superar métodos mais complexos de previsão de ortólogos [28]. A maioria das ferramentas ortólogas baseadas em grafos utiliza o método RBB, mas inclui etapas adicionais para melhorar a exatidão, para detetar outros tipos de genes homólogos ou para prever vários tipos de ortólogos. As abordagens baseadas em grafos requerem menos cálculos e são mais fáceis de automatizar, o que as torna relativamente adequadas para calcular ortólogos para grandes conjuntos de dados [21]. No caso do Reciprocal Best Blast Hit (RBBH), as consultas são efectuadas em ambas as direcções e as sequências são consideradas ortólogas entre si se os principais resultados forem idênticos em ambas as direcções. A vantagem deste método em relação ao BLAST é que elimina os maus resultados do BLAST. No entanto, requer um conjunto completo de genomas para funcionar corretamente. Alguns métodos usam a distância evolutiva para encontrar o gene mais próximo, em vez de usar valores de similaridade. Entre dois genomas quaisquer, os ortólogos são os homólogos com a menor divergência. A Reciprocal Smallest Distance (RSD) designa dois genes como ortólogos e tem a distância evolutiva mínima entre eles. O RSD encontra os pares identificados pelo RBBH e inclui os que foram eliminados por este último. No entanto, a RSD demora tempo e é mais complexa do que a RBBH. O seu principal inconveniente é a sua visão filogenética limitada (apenas tem em conta as correspondências de topo). O RBB ou outros métodos semelhantes podem falhar em situações em que há perda diferencial de genes ou recombinação de domínios proteicos que podem transformar o top-match num gene não ortólogo [29].

2.1.3 Abordagens híbridas

Foram desenvolvidas abordagens de previsão de ortólogos que utilizam elementos tanto de métodos baseados em árvores filogenéticas como de métodos baseados em grafos. A maioria das ferramentas que podem ser consideradas como uma abordagem híbrida utiliza um método RBB para identificar candidatos para a criação de uma árvore genética filogenética [24], [30]. Um exemplo de uma abordagem híbrida é a base de dados Phylogenetic Orthologous Groups (PHOGs), que utiliza uma árvore de espécies como guia para a criação de grupos ortólogos. Os grupos são construídos hierarquicamente utilizando a RBB, começando com as espécies mais estreitamente relacionadas e subindo na árvore de espécies para incluir espécies com uma gama filogenética mais alargada. Os ortólogos de grupos anteriores são utilizados como células germinativas para grupos subsequentes.

Existem várias outras técnicas, como a interação proteína-proteína e a sintenia, para prever ortólogos. O método de comparação de redes de proteínas consiste em calcular a distribuição das interações conservadas entre duas espécies. Os resultados falsos positivos podem ser evitados em grande medida através da utilização de relações que são conservadas em duas espécies. A sintenia é uma sequência genética conservada localmente que se encontra em dois ou mais genomas. Espera-se que duas espécies que se separaram recentemente de um antepassado comum partilhem um conjunto semelhante de genes. Os métodos baseados na sintenia utilizam a vizinhança do gene de interesse para determinar ortólogos. A proporção de ortólogos que têm um gene vizinho é um marcador de coerência [18].

A análise sinténica é de importância vital no domínio da genómica comparativa. Ajuda a estudar as funções e estruturas de um grupo de genes no genoma e o seu papel na expressão genética. Anteriormente, o termo "sintenia" era utilizado para ilustrar a co-localização de genes desiguais em cromossomas correspondentes de espécies diferentes. Atualmente, o termo "sintenia" é utilizado para mostrar a manutenção de genes localizados juntos em ordem idêntica em diferentes genomas [31]. A análise da sintenia é amplamente utilizada na análise comparativa de genomas de plantas. Os genomas das plantas são muito complexos e variam em tamanho. As espécies vegetais diferem muito nos seus hábitos de crescimento, adaptação ao ambiente e estrutura do genoma nuclear [32]. Os blocos de sintenia são segmentos do genoma constituídos por uma série de genes ortólogos que têm a mesma disposição relativa nos cromossomas de duas espécies [33]. Os genes encontrados em blocos de sintenia são geralmente regulados em conjunto e têm funções idênticas. Devido à importância funcional de um gene, pode haver forças selectivas que impeçam os genes de escapar dentro do bloco. Um bloco de sintenia pode tornar-se complexo quando forma diferentes tipos de clusters funcionais e arranjos topológicos [31], [34].

Já foram efectuadas numerosas comparações de genomas de plantas. A sintenia entre Arabidopsis (Athaliana) e tomate, a sintenia entre Arabidopsis e arroz (O.Sativa) [35], a sintenia entre soja e Arabidopsis [36] e a sintenia entre feijão e soja [37] foram todas estudadas. Os blocos de sintenia são divididos em dois blocos: blocos conservados e blocos não conservados. Um bloco de sintenia conservado consiste num bloco de genes que mantém a ordem e não tem inconsistências dentro do bloco. Um bloco de sintenia não conservado preserva o rigor do bloco de genes, mas apresenta desigualdades no interior do bloco. Foram utilizados métodos ad hoc para encontrar blocos de sintenia. Os métodos ad hoc tendem a ser lentos, não são totalmente reprodutíveis, ignoram o rigor e não são adequados para aplicação geral. Em comparação, as abordagens computacionais são provavelmente mais eficazes se implementarem um algoritmo eficiente. O Orthocluster é um método deste tipo, concebido para identificar blocos de sintonia entre múltiplos genomas em que existem relações ortólogas entre os genomas capturados [31]. O Orthocluster é uma ferramenta de extração de dados para inferir blocos de sintonia entre múltiplos genomas. O primeiro passo consiste em identificar as relações entre os genes ortólogos das espécies em causa e, em seguida, utilizar o Orthocluster para inferir blocos de sintonia. O método BLAST inparanóide e adhoc utilizado para identificar genes ortólogos, no número, tamanho e conteúdo dos blocos de sintenia devolvidos pelo Orthocluster com os genomas de oryzasavita e Arabidopsisi thaliana. Foram utilizados três métodos complementares para identificar os pares ortólogos. Em primeiro lugar, o BlastX é efectuado para encontrar as melhores correspondências mútuas como pares ortólogos. No segundo método, os pares ortólogos que não foram identificados pelos primeiros métodos são encontrados utilizando âncoras de sintonia e blocos de sintonia. Finalmente, a classificação funcional das proteínas é utilizada para detetar ortólogos. Estes métodos são capazes de encontrar pares ortólogos que não foram detectados pelo método das melhores correspondências mútuas [33].

2.2 Ferramentas para identificar ortólogos

Para detetar e analisar a ortologia e a paralogia, foram desenvolvidas enormes plataformas informáticas para estudar organismos com famílias de genes em que não tenha havido transferência horizontal significativa de genes. No caso de famílias de proteínas com um grande número de parálogos, a análise ortológica torna-se difícil. O genoma eucariótico coloca outros desafios à análise ortológica, porque o seu genoma é muito grande, é difícil definir modelos genéticos precisos, o número de duplicações de genes é elevado e a arquitetura dos domínios proteicos é complexa [38]. Apresentam-se de seguida várias ferramentas:

a) COCO-CL: método de agrupamento baseado no coeficiente de correlação para identificar grupos de genes ortólogos e agrupamento hierárquico de relações de homologia. Muitos métodos de agrupamento hierárquico utilizam a distância evolutiva para o agrupamento, mas o COCO-CL tira partido da topologia global da rede de correlação e da procura de correlações nos dados da história evolutiva [39]. A árvore genética não é utilizada diretamente neste método, mas envolve a utilização de dados evolutivos contidos na matriz de distância evolutiva. O método foi aplicado a diferentes bases de dados de classificação de proteínas. O grupo COG inicial incluía apenas procariotas, archaea e três organismos eucarióticos. O conceito foi depois alargado aos genomas eucarióticos TOGA [40], KOG [41] e OrthoMcl [42].

b) RIO: Resample Inference of Orthologs utiliza a árvore genética e a árvore de espécies para encontrar ortólogos. Para encontrar o ortólogo a partir da árvore filogenética, é adicionado o bootstrapping [27]. Existem três conceitos: super-ortólogo, ultra-ortólogo e árvore sub-vizinha. A base de dados Pfam (família de proteínas) foi utilizada como fonte de alinhamentos de sequências múltiplas de elevada qualidade. Alinhamentos de domínios Pfam em plantas e vermes [23].

c) RAP: trata-se de um outro método filogenético de reconhecimento de ortólogos e paralólogos. Este algoritmo melhora o método de correspondência tradicional. Melhora a função de congruência para n-nós presentes em árvores de espécies. No algoritmo RAP, um único nó é considerado uma espécie desde que não haja evidência clara de incongruência entre a árvore de genes e a árvore de espécies. Este algoritmo tem em conta a topologia, os bootstraps e o comprimento dos ramos. É rápido para comparar grandes quantidades de árvores filogenéticas [20].

d) LOFT: Levels of Orthology from Tree (níveis de ortologia da árvore) são diferentes agrupamentos hierárquicos que destacam os diferentes níveis de relação entre ortólogos e parálogos. Trata-se de uma abordagem alternativa à correspondência gene-espécie. Este método introduz uma técnica chamada sobreposição de espécies para inferir eventos de especiação e duplicação a partir da árvore de genes. Não requer uma árvore de espécies e considera que um nó é uma duplicação de genes se os seus ramos apresentarem conjuntos de espécies que se sobrepõem. Este método foi comparado com o COG, a reconstrução com uma árvore de espécies fiável e a conservação da ordem dos genes [43].

e) TreeFam: uma base de dados de árvores filogenéticas para todas as famílias de genes do mundo animal, que fornece previsões de homologia para cada família TreeFam, juntamente com a história evolutiva. A pesquisa de sequências baseia-se no HMM, que insere sequências de proteínas introduzidas pelo utilizador no gene TreeFam e permite uma identificação rápida da ortologia. Utiliza as ferramentas RAXML e Mafft para uma rápida inserção numa árvore ou alinhamento de referência. Contém vinte e cinco genomas animais totalmente sequenciados e quatro espécies relacionadas com as plantas e os fungos do grupo [44]. Prevê a ortologia e a árvore filogenética de 109 espécies em 1536 famílias, representando cerca de dois milhões de sequências. Foi publicada uma nova versão do TreeFam com funções adicionais. O número de espécies foi aumentado de 79 para 109 no TreeFam 9 [45].

f) HOPS: hierarchical clustering of orthological and paralogical sequences (agrupamento hierárquico de sequências ortológicas e paralógicas) foi desenvolvido por Storm e Sonhammer. Associa a ortologia através da análise de um conjunto de árvores bootrapper. Utiliza uma heurística baseada na semelhança das sequências. As sequências na árvore foram classificadas em quatro categorias diferentes: ingroup 1 e ingroup2 para dois tipos de interesse, out group e blank. O método bootrapper tem sido geralmente utilizado para aumentar a precisão de uma estimativa estatística. Uma das vantagens deste método é o facto de ter sido atribuída uma pontuação a todas as associações ortológicas em pares, o que permite avaliar relações ortológicas que não estavam presentes na árvore inicial. A desvantagem é que um genoma incompleto ou uma perda parcial de genes pode levar a uma atribuição incorrecta da ortologia prevista [17]. Aplica-se a procariotas e eucariotas que aparecem no pfam [46].

g) MetaPhors: Metaphylogeny based ortholgs é um repositório público de ortólogos paralógicos baseados na filogenia, calculados a partir de árvores filogenéticas disponíveis em doze repositórios públicos. Além disso, são criadas árvores de máxima verosimilhança utilizando famílias de proteínas armazenadas no OrthoMCL e muitas outras [47]. A cadeia de metáforas procede normalmente da seguinte forma: todas as árvores filogenéticas que contêm um determinado par de sequências são recuperadas, as árvores geradas por modelos evolutivos subóptimos são eliminadas por uma etapa de filtragem. De seguida, um algoritmo de sobreposição de espécies [48], tal como implementado na caixa de ferramentas ETE [49], e uma pontuação de consistência são calculados com base na árvore de ortologia e paralogia [47][47]. Este método foi aplicado a centenas de genomas eucarióticos e procarióticos.

h) PhylomeDB: base de dados de catálogos completos de filogenias, publicada em 2006. É um repositório de histórias completas da evolução dos genes codificados num genoma [25], [50]. Fornece árvores e alinhamentos enriquecidos com observações correspondentes, bem como previsões de relações de homologia [24], [51]. Adopta uma abordagem genocêntrica e de todo o genoma [25]. A versão atual inclui 17 filomas de diferentes organismos, tais como seres humanos, bactérias e leveduras. O PhylomeDB é um dos maiores repositórios de filogenias pré-computadas e oferece cálculos evolutivos para mais de 10 milhões de proteínas em mil espécies. Os 42 novos filomas correspondem à garantia dada pelo phylomeDB de cobrir, em particular, os proteomas resultantes de iniciativas de pesquisa de ortólogos. A base de dados de filomas é constituída por um grande número de novos filomas. A versão 4 do phylomeDB fornece conjuntos justificados de previsões de homologia utilizando a última versão da previsão baseada na uniformidade do MetaphorsDB [25].

i) PHOG: Berkely Phylofacts Orthology Group é um método de deteção de ortólogos. Não utiliza uma abordagem de reconciliação para a deteção de ortólogos. Para demonstrar a sua adequação, foi utilizado como referência o TreefamA, um conjunto de dados com curadoria manual [52]. O nível de precisão e as diferentes unidades taxonómicas são determinados por um limiar de distância entre árvores definido pelo utilizador num servidor Web, mas são utilizadas árvores pré-calculadas [22]. PHOG-S para super ortólogos, PHOG-O para ortólogos padrão e PHOG-T, em que o utilizador pode definir o limiar da distância entre árvores. O método PHOG foi aplicado a sequências de ratinhos humanos, peixe-zebra e moscas da fruta do TreeFam-A [52].

j) Greenphyl: para sequências de genes com genomas completos como dados de entrada, foi criado um conjunto de dados a partir de dados brutos por agrupamento semi-automático de famílias de genes antes da construção da árvore [22]. Foi aplicado a genomas completos de plantas [53].

k) COG: Os clusters de grupos ortólogos são descobertos de três formas. BBH entre grupos ortólogos de co-ortólogos em espécies diferentes e estes grupos são expandidos até à saturação, seguindo-se a remoção manual de grandes grupos inadequadamente ligados por proteínas multi-domínio ou a mistura difícil de paralogues dentro e fora. Os progressos subsequentes centraram-se no aumento dos recursos [54] e na gestão de grandes quantidades de genomas de forma mais competente [55]. Inicialmente, o COG foi aplicado a genomas totalmente sequenciados [56], que recentemente incluíram 631 genomas [57].

l) OrthoMCL: trata-se de um algoritmo de agrupamento baseado em grafos. Foi desenvolvido para descobrir proteínas homólogas com base na semelhança das sequências e para distinguir a relação entre ortólogos e parálogos sem uma análise filogenética computacionalmente intensiva. Este método forma grupos de ortólogos utilizando uma cadeia de Markov comparada com simulações iterativas, em que os grupos com a rigidez desejada são identificados por traços e erros [42]. Em vários eucariotas foi aplicado um algoritmo heurístico automatizado. A quarta versão da atual base de dados OrthoMCL tem 138 geminídeos da maioria dos eurokaryotes e prokaryotes. 511797 das 627098 sequências de proteínas foram agrupadas em 70388 ortólogos [58]. As abordagens tradicionais para identificar ortólogos, o grupo OrthoMCL, são bastante pequenas. Ocasionalmente, o TribeMCL pode ser útil para encontrar paralogues antigos para genes de interesse [59].

m) Inparanoid: trata-se de um algoritmo para formar grupos de ortólogos que contêm todos os in-paralogs, mas nenhum out-paralogs. Trata-se de um algoritmo baseado em grafos que começa com um alinhamento completo (BLAST) de todas as sequências de proteínas e, em seguida, aplica regras de agrupamento para criar grupos ortólogos [16] e grupos de genes de espécies cruzadas com base no fenótipo identificado pelo Inparanoid [60]. A FSRD é uma base de dados de 1985 proteínas de resposta ao stress fúngico e utiliza o Inparanoid para prever ortólogos em 28 espécies com humanos e agentes patogénicos e fungos [61]. O Inparanoid ortholog prevê quando os genes humanos são criados por retroposição [62]. O Inparanoid é um pipeline para encontrar genes hospedeiros ortólogos portadores de Sno-RNA em genomas eucarióticos [63]. O Inparanoid 6 inclui 34 espécies eucarióticas e um grupo procariótico [64]. O Inparanóide 8 inclui 213 espécies. Estas incluem 246 eucariotas, 20 bactérias e 7 archaea [65].

n) OMA: a matriz Orthologos é uma base de dados e um método para determinar ortólogos em todo o genoma. A OMA tem um âmbito alargado e uma elevada qualidade de conclusões. A OMA processa as variantes de splice. A variante mais longa é conservada e as variantes mais curtas só são recuperadas se diferirem em 10% da variante conservada mais longa. Isto reduz o número total de sequências na base de dados. Foi desenvolvida uma heurística que consiste em selecionar a variante com o maior número de correspondências genómicas na fase "todos contra todos". A inferência ortóloga é difícil de contornar, mas verificou-se que o novo método permite derivar mais pares ortólogos para um grande grupo de OMA [28]. A OMA introduz uma técnica baseada em gráficos para o reconhecimento hierárquico de grupos ortólogos com comparação. Registaram-se muitos desenvolvimentos importantes no OMA, em primeiro lugar a nova interface Web e, em segundo lugar, a previsão da função de genes ortólogos. Em terceiro lugar, existe um bom suporte para genomas de plantas e, em particular, para homólogos no genoma do trigo. Segue-se a análise sinténica e, finalmente, são oferecidos grupos ortólogos hierárquicos calculados estaticamente no formato Orhtoxml [66].

o) Quartett S: este é outro método que utiliza provas evolutivas de uma forma computável. Antecipa corretamente ortólogos e parálogos utilizando provas evolutivas de eventos de duplicação numa árvore de genes de quarteto. Este método também é adequado para a deteção de ortólogos em grande escala. Foi também definida outra variante do Quarteto S, designada QuartetS-C, que inclui o Quarteto S juntamente com o agrupamento. O método Quartet S é ligeiramente superior ao OMA 2008. A distinção entre o Quarteto S e o Quarteto SC mostra que o desempenho da deteção de ortólogos é ligeiramente melhorado após o pós-processamento por agregação [67].

p) Round up: Trata-se de uma base de dados em linha sobre ortologia e as suas distâncias evolutivas. Round up 2.0 é uma base de dados de genes ortólogos para 1800 genomas, contendo 226 eucariotas e 1581 procariotas. O algoritmo Reciprocal Smallest Distance é utilizado para determinar os genes ortólogos. O resultado de uma consulta pontuada pode ser apresentado de diferentes formas. Os resultados genómicos podem ser descarregados num formato adequado para análises funcionais e filogenéticas [68].

q) Orthoinspector: este software contém um algoritmo para detetar rapidamente relações ortológicas e paralógicas entre espécies. Em comparação com outros métodos, este algoritmo melhora a sensibilidade com uma perda mínima de especificidade. O software Orthoinspector é utilizado para estudar 59 espécies eurocariontes. Trata-se de um programa de gestão de dados simples e rápido, que contém igualmente um algoritmo para a deteção rápida de ortologia e de inparalogia [69].

r) EchnioDB: trata-se de uma base de dados constituída por ortoclusters de sequências de aminoácidos de 42 transcriptomas de Echnioder. O Echinoderm é utilizado para encontrar ortólogos adequados para a análise filogenética de dados transcriptómicos de nova geração. A sequência de ARN é utilizada para traçar o perfil de equinodermes adultos. O EchinoDB é um repositório de transcritos ortólogos de equinodermes [70].

s) DODO: A deteção de ortólogos com base no domínio é um novo método de deteção de ortólogos funcionais concebido para ultrapassar os problemas de identificação de ortólogos num grande número de genomas. Utiliza informações de domínio para encontrar ortólogos em genomas amplamente relacionados. O DODO funciona em duas etapas: em primeiro lugar, classifica as proteínas em grupos com base na arquitetura do domínio e, em segundo lugar, identifica ortólogos dentro destes grupos com uma complexidade muito menor. O DODO foi capaz de reconhecer certos métodos porque foram rejeitados devido ao seu curto comprimento, mas há ortólogos que foram encontrados pelo inparanoid, mas não pelo DODO. O desempenho do DODO é diretamente influenciado pela precisão da identificação do domínio [71].

t) FAT-CAT: Fast Approximation Tree Classification é um método para identificar ortólogos. Utiliza a pontuação HMM para as sub-árvores. A precisão do FAT-CAT deve-se à utilização de HMM em cada nó da árvore. A entrada para o FAT-CAT é uma sequência de genes e a saída é uma lista de ortólogos para esse gene. São fornecidos quatro parâmetros diferentes, consoante o grau de rigor. São utilizadas as árvores da base de dados Phylofacts. Para verificar se a sub-árvore identificada é suportada por outros métodos, são utilizados dados ortológicos adicionais de terceiros. São utilizados quatro níveis para o reconhecimento de ortólogos. Para garantir a exatidão do reconhecimento de ortólogos, são utilizados parâmetros diferentes nos diferentes níveis. O método é capaz de fornecer resultados exactos quando as sequências de consulta têm domínios promíscuos. Um dos inconvenientes do método é o facto de ser computacionalmente moroso e complexo. O FAT-CAT é mais lento do que outros servidores Web ortólogos. No entanto, foi também desenvolvida uma variante rápida do FAT-CAT, o FAST-CAT. O FAST-CAT é semelhante ao FAT-CAT, exceto no que se refere ao terceiro passo, que evita associações em pares, que são computacionalmente intensivas [72].

u) EggNOG: Evolutionary genealogy of gene Non-Supervised Orthologous Groups é uma base de dados de grupos ortólogos previstos a partir do alinhamento Smith-Waterman. Os grupos ortólogos em EggNOG contêm 1241751 genes [56]. Contém 2242035 proteínas e oferece uma descrição funcional completa para pelo menos 88% delas [73]. A terceira versão do EggNOG contém grupos ortólogos não supervisionados, criados a partir de 1133 organismos. Nesta versão, a pesquisa de homólogos baseia-se no SIMAP e o grupo ortólogo foi alargado a 41 níveis de taxa selecionados. O EggNOG V3 contém 721801 grupos ortólogos com um total de 4396591 genes. A quarta versão da base de dados EggNOG desenvolve grupos ortólogos não supervisionados a partir de todo o genoma, com base em estudos de caraterização e de pipeline para as famílias de genes resultantes. Em comparação com a versão anterior da EggNOG, a V4 contém três vezes mais espécies subjacentes e abrange 3686 organismos. Também oferece alinhamento de sequências múltiplas e máxima verosimilhança. Fornece grupos ortólogos mais exactos do que a versão anterior [74]. Finalmente, o EggNOG 4.5 integra um novo conjunto de dados de proteínas. Trata-se da base de dados mais escalável e exaustiva para a previsão de ortólogos [75].

v) OrthoVenn: é uma plataforma Web que permite comparar e comentar grupos de genes ortólogos entre várias espécies. O OrthoVenn abrange vertebrados, metazoários, protistas, plantas, fungos e muitos outros para identificar grupos de genes ortólogos. Também fornece um diagrama de Venn para comparar duas sequências de proteínas de seis espécies. Pode ser utilizado para identificar grupos ortólogos de cópias únicas de genes. É eficiente e fácil de utilizar, tornando possível estudar e atribuir significado biológico a genes ortólogos [76].

w) HCOP: A ferramenta de pesquisa HGNC Comparison of Orthology Prediction oferece uma base de dados integrada para a previsão de ortologias. HCOP é uma ferramenta de previsão de ortologia centrada no ser humano. Permite-lhe procurar ortólogos entre humanos e qualquer outra espécie. Também oferece uma pesquisa recíproca. Os dados provêm de uma variedade de métodos, incluindo OMA, Inparanoid e TreeFam, e fornece previsões relevantes apenas para genes humanos.

x) YOGY: EukarYoticOrtholoGY é um método integrado baseado na Web para encontrar ortólogos de eucariotas como Homospaians, Mus musculus, Rattusnorvegicus, Drosophila e outros. Reúne previsões de ortologia de cinco fontes diferentes. Um pedido ao servidor Web apresenta um resumo dos genes e uma tabela de previsões de ortologia de diferentes métodos. O termo de ortologia do gene também é apresentado para conclusões funcionais [77].

y) MetaPhors: MetaPhylogeney based Orthologs é um método filogenético que reúne as previsões de diferentes métodos filogenéticos sob a forma de dados em bruto. As árvores genealógicas são obtidas a partir de diferentes métodos, como o TreeFam e o PhylomeDB. Além disso, são construídas árvores de máxima verosimilhança a partir de alinhamentos múltiplos ou famílias de proteínas armazenadas no OrthoMCL, COG [47]. O algoritmo Species-overlap é utilizado para prever a ortologia e a paralogia. É também calculado um valor de consistência com base no número de árvores que prevêem ortologia e paralogia [47].

z) DIOPT: Drosophila RNAi screening center Inttegrative Ortholog Predction combina a previsão de ortólogos de ratinho, mosca, humano, levedura e peixe-zebra criados por Inparanoid, OMA, OrthoMCL, Roundup, TreeFam e muitos outros métodos. Pode ser utilizado para detetar ortólogos de um gene na espécie de origem selecionada. O DIOPT apresenta o número de métodos que suportam o par de genes ortólogos esperado, bem como uma pontuação ponderada baseada numa avaliação funcional utilizando anotação GO de alta qualidade, e avalia uma pontuação simples. Também apresenta alinhamentos de proteínas e domínios, bem como a percentagem de identidade para o par ortólogo esperado. Isto pode ajudar a selecionar as correspondências mais adequadas de entre vários ortólogos possíveis [78].

Tabela 2.1 Métodos de deteção de ortólogos e paralólogos

Method	Defination	Applied to	Prons	Cons
Corelational Coefficient based Clustering (COCO-CL)	Orthologous and paralogous sequences distance evolutionary histories is measured. It takes an input of refined homologous proteins attained using less conservative clustering algorithm [39].	Several protein classification database, KOG [41], COG, OrthoMCl [42] and BLAST searches.	Semi independent method. Also used when species tree is unknown or uncertain.	It is fail with ancient horizontal gene transfer, rampant gene losses. Incomplete dataset. It cannot uantify the quality of clusters [39].
Resample inference of orthologs (RIO)	Speciation duplication inference (SD) algorithm of completely resolved bootstrap resampled tree [27].	Protein famlies alignment of domain in plants and worms.	Used to estimate reliability of orthologs. A procedure for automated phylogenomic.	Discrepancy between orthology bootstraps value leads to errorness. Output of RIO varying if distance of query sequences to other seq. is unusually short or long [23].
Reconciliat ured Arbres Phylogenet igyes (RAP)	Understand speciation and duplication events and then from a given tree topology of genes familiesit detects probably ortholog and paralog.	Database of orthologous protein families HOVERGEN, HOBACGEN and HOGENOM.	Graphical user interface. User set constraint, specify tree pattern and toplogy. Search for events og gene losses. Hidden paralogy also consider. Cope with uncertainties. Used for very large set of phylogentic tree.	It does not weight gene losses. It assumes that gene transmission procedure is totally vertical [20].

Method	Defination	Applied to	Prons	Cons
TreeFam	It uses numerous phylogenetic techniques to build sets of ortholog from a curate dataset of trees, expanded with supplementary generated tree [44].	It gives prediction of orthology and gene tree for 109 species in 1536 families (104 fully sequences animals genome plus 5 outgroup species).	Manually curated. Ortholog genes can be retrieved. Uses both novel and known data from ensemble databases. Tree based result easily visualized.	It only includes taxa of animals with few exceptions of some plants and fungal species as outgroup [45].
Hierarchical grouping of orthologous and paralogous (HOPS)	It uses bootstraps tree to compute orthology support values for sequence pairs in a multiple sequences alignment.	Prokaryotes and eukaryotes domain appers in Pfam.	Integrated in pfam server and domain integrated. Include partial genome sequenced species.	Only pair wise orthology between two into three eukaryotic clades. No prokaryotes. Not retrievalble. Only run in web browser [17].
Metaphylo gene based orthologs (MeraphOrs)	Species overlap algorithm is employed on phylogenetic tree obtained from wide variety of species to combine information [49].	Its servers as global database of highly accurate phylogrne based ortholog and paraloggy prediction several of genome from eukaryotes and parayotes.	It explored total number of tree for a given sequence pairs. Filters are used to give better result. It also uses evidence level. It provides freedom to control prediction.	It is not a standalone user program. Complexity is high.

Method	Defination	Applied to	Prons	Cons
PhylomeDB	It uses a phylogenetic pipeline that comprises alignment trimming andmodel testing.	Its releases contain 17 phylome from eukaryotes and prokaryotes. Comprises 416093 tree and 165840 alignments.	Used as independent source of phylogenetic information. It hosts many different phylome (novel data access). It also provide visualization feature and unique ID system [25].	It contains many partially overlapping phylogentic tree
Berkeley phyloFactsorthologyGroup (PHOG)	Pre computed tree is used to target different taxonomic distance and precision levels in a prediction server.	Eukaryotic sequences from Treefam database.	It uses novel phylogentic approach. It provides average complexity and moderate execution speed. It provides 86 percentages recall.	Not stand alone user program. Orthology prediction is incomplete. Phog-s has recall 59 percentages which is less than inparanoid. No synteny info. or gene neighborhood [52].
GreenPhyl	Semi automatic gene family clustering is used to create input repository from raw data before tree construction and stand-alone phylogenetic pipeline.	It has complete genomes of plants.	Easily identifies ultra paralog relationship when no ortholog are detected. It detects orthologs even at lower threshold. It is standalone user.	It is more complex [53].

Method	Defination	Appied to	Prons	Cons
Clusters of Orthologous Groups (COG)	It identifies three ways BBH between co-orthologs or orthologs in three different species and these groups extended until saturation[54]. Further development focused on growing the resource and adding up automation [55].	Initially contains seven complete genome sequence available [54] with subsequent updates, expansion and several lineage specific derivative include eukaryotic phyla, archaeal etc.	It is manually curation. Standard for uniform protein function group. Easily addition of new.	It contains many out paralogs.
OrthoMCL	A markov clustering process involving iteration simulations forms group of orthologs and co-orthologs [42].	The first fully automated heuristic algorithm applied across multiple eukaryotic, OrthoMCLversinally contains 138 genomesof mostly eukaryotic.	It is standalone user program and provides freedom to control prediction. Multiple species comparison.	It is command based. Some cluster contain out paralog. Include multiple splices variant of gene [58].

Method	Defination	Appied to	Prons	Cons
Orthologous matrix (OMA)	RSD evolutionary distance and accounting for different gene lag and gene fusion fission events are improvements upon conventional BBH.	Infer evolutionary relationship among currently 1706 complete proteomes [66].	It is standalone user program. It provides moderate execution speed and average complexity. Data is available in a wide range of formats and interface. It has also syntney view.	It does not provide freedom to control prediction. Command interface. All verses all protein compare phase the most time consuming phase with more than 7 millions CPU hours logged to data [66].
Level of Orthology From Tree (LOFT)	Construct tremendous hierarchical grouping that bring to light the different level of relatedness between paralogs and orthologs.	Its benchmark against COG, reconciliation with gene order conservation and believed species tree.	It has graphical user interface, stand alone user program. Offer high resolution. Reliable ortholog, preserving the relationship b/w orthologous group. 75 percentage as correct when bench mark is applied. Strong visualization inspection. Complete species tree reconciliation within 2 million seconds.	No freedom to manage predictions. It is suited for mainly large scale automated phylogenomics. Some time it is less accurate as compare to other methods [43].

Method	Defination	Applied to	Prons	Cons
RoundUP	For pair wise comparison of hundred of genomes it uses ML-based evolutionary distance.	Its versions contain 1800 genomes (226 eukaryotic, 1447 bacteria 113 arechaea and 21 virsuses).	Computing orthologs for large number of genomes.Analysis moresophisticates comparative genomics. Search for distant orthologs [68].	Round up does not provide stand alone user program and its execution speed is not fast.
Domain Based ortholog Detection (DODO)	Efficient BBH approach base on domain architecture. DODO work into two step firstly, on based of domain architecture it assign protein in group secondly, it further within these group it identifies orthologs with much less complexity.	Benchmarked against Inparanoid genomes.	It is standalone user program. Its complexity is low. Detect homologs group.	It cannot detect orthologs having different reported domain arch. if gene loss occur in anchor genome, it could not detect orthologsrelationship.Accuracy of domain identification affect performance [71].
Inparanoid	Detects BBH between a pair of organism and then uses additional statistical rules to add in paralogs a rising from duplication after speciation [16].	Current release comprises 213 species, 246 eukaryotes, 20 bacteria and 7 archaea [65].	It is standalone user program. It provides freedom to control prediction.Execution speed is moderate. Include genomes for all major eukaryotic clades.	It has command based interface. Orthology prediction is incomplete more complexity.

Method	Defination	Applied to	Prons	Cons
Evolutionary genealogy of gene Non supervised orthologous (EggNOG)	It provides OG of proteins at different taxonomic levels. OG constructed from smith waterman alignment [74].	Latest version of EggNOG cover more than tripled the underlying species to cover 3686 organism [75].	It provides gene ontonology term and pairwise orthology relationship. Complete redesign web interface.	Inconsistency between levels prevents correct annotions across nested group. Online servers are often database oriented.

Capítulo 3

TRABALHO ACTUAL

3.1 Formulação do problema

A vida é regida por informação codificada em quatro letras (A, T, C ou G). Felizmente, este sistema complexo que rege a vida está preso em informação codificada que pode agora ser compreendida graças à análise de dados sem precedentes gerados pelas novas tecnologias de sequenciação de nova geração. Graças aos avanços nas tecnologias de sequenciação, está a ser gerada uma grande quantidade de dados de sequenciação. O principal desafio consiste agora em desenvolver métodos simples e fiáveis para extrair informações úteis desta enorme quantidade de dados. A previsão de ortólogos desempenha um papel fundamental na anotação destes genomas recentemente sequenciados. A previsão de ortólogos e parálogos é importante para a evolução do genoma, as funções dos genes, as redes celulares e a anotação de genomas funcionais. As verdadeiras relações ortólogas podem ser determinadas por abordagens filogenéticas que montam árvores e redes utilizando uma filogenia de espécies coerente, fornecendo informações sobre o processo de evolução molecular. Espera-se que a reconstrução filogenética forneça a melhor visão da evolução. Ao analisar as árvores filogenéticas, é possível deduzir uma coleção de previsões de todas as relações ortológicas entre sequências. Uma análise baseada na filogenia é uma escolha melhor quando estamos a tentar prever a ortologia de uma família de genes altamente emaranhada, que contém muitas duplicações, perdas de genes, etc. Precisamos de previsões de ortologia e paralogia para muitas espécies ao mesmo tempo. Queremos saber sobre a perda de genes. Precisamos de desenvolver um método filogenético para fazer previsões exactas com base em modelos evolutivos. Este método será depois comparado com os métodos existentes de previsão de ortólogos.

3.2 Objectivos

Os principais objectivos deste trabalho são os seguintes:

1. Pré-processamento das gravações.
2. Desenvolvimento de um algoritmo baseado na filogenia para o reconhecimento de ortólogos e paralólogos.
3. Comparação do trabalho proposto com outras técnicas modernas.

3.3 Metodologia

A metodologia inclui o desenvolvimento de um algoritmo para a deteção de ortólogos e paralólogos. O MATLAB é utilizado para criar o algoritmo, uma vez que oferece um poderoso ambiente de computação interactiva para a realização de diferentes análises. A vasta gama de comandos e funções permite ao utilizador resolver e analisar diferentes problemas computacionais em diferentes domínios. O MATLAB oferece um conjunto de caixas de ferramentas, como a caixa de ferramentas de bioinformática, a caixa de ferramentas de processamento de imagens, a caixa de ferramentas de estatística e processamento de sinais, etc. O MATLAB é uma linguagem de alto desempenho utilizada para cálculos técnicos. Integra o cálculo, a visualização e a programação num ambiente rápido e fácil de utilizar.

A caixa de ferramentas de bioinformática fornece algoritmos para análise filogenética, microanálise, análise de sequências, gentonologia e muito mais. A caixa de ferramentas oferece várias funções para aceder a estruturas e sequências de nucleótidos e proteínas a partir de bases de dados online de estruturas e sequências.

O ClustalX é um programa baseado no Windows para alinhar sequências e criar árvores de sequências. O alinhamento de sequências é apresentado numa janela no ecrã. O ClustalX tem uma boa função de coloração que permite ao utilizador encontrar regiões de alinhamento altamente conservadas. Também pode criar árvores filogenéticas a partir de vários alinhamentos. Para o efeito, a árvore pode ser criada utilizando o método UPGMA ou o método NJ. A saída da árvore pode ser guardada em diferentes formatos, como Clustal, Phylip ou como uma matriz de distância. Tem a capacidade de iniciar a árvore. O ClustalX está disponível para Linux, Windows e Mac.

3.3.1 Coleção de sequências de entrada

Em primeiro lugar, os dados são recolhidos sob a forma de sequências de proteínas, integrando os resultados dos vários métodos de previsão de ortólogos. A base de dados que contém as previsões dos vários métodos de identificação de ortólogos foi criada em MYSQL. As identificações de ortólogos de sequências de proteínas foram retiradas dos servidores Web Inparanoid, PHOG, NCBI, FATCAT, EggNOG, Ensemble e Metaphors e armazenadas na base de dados. O principal problema foi a integração de dados de diferentes bases de dados de reconhecimento de ortólogos e a heterogeneidade dos identificadores nas diferentes bases de dados de previsão de ortólogos. Para representar as sequências de genes, são utilizados diferentes identificadores de genes por diferentes métodos, pelo que, para este serviço de mapeamento no UniProt, o ID é utilizado para criar um conjunto comum de identificadores de genes. O serviço de mapeamento de ID fornecido pelo UniProt converte diferentes conjuntos de identificadores de genes em identificadores UniProt. Os identificadores UniProt são códigos alfabéticos com a forma G3GZ45, em que G3GZ45 é utilizado como identificador UniProt na base de dados UniProt para indicar a proteína Zinkfingerl8 em Cricetulusgriseus. Há alguns identificadores que não são representados pelo UniProt, e estes identificadores foram então representados utilizando identificadores da base de dados UniParch (arquivo UniProt). A UniParch é uma base de dados abrangente e não redundante que contém principalmente sequências de proteínas publicamente disponíveis. As sequências contidas na UniParc nunca são eliminadas, mesmo que já não sejam válidas.

Tabela 3.1 Especificação da tabela de predição ortológica para diferentes métodos

Column Name	DataType	Description
ID	Text	This field describe the gene identifier for gene
Orth_gene_ID	Text	This field contains the ortholog for the gene id
Organism _ID	INT	This field contains the numerical id of gene
ID_name	Text	This field represent the name of gene identifier
Organism	Text	This field describe the species in which ortholog occurred

Para além desta tabela, é criada uma tabela de espécies de genes, que contém os identificadores de genes e os nomes das espécies correspondentes aos identificadores de genes.

Quadro 3.2 Especificação da tabela de espécies de genes

Column Name	DataType	Description
geneID	Text	The field contain the gene identifier of the protein
Species	Text	The field contain name of species corresponding to gene

3.3.2 Criar uma árvore filogenética

O passo seguinte é criar uma árvore de genes. Para tal, são necessárias sequências de proteínas em formato FASTA. Para cada gene, as sequências são extraídas da base de dados UniProt ou NCBI e depois convertidas num ficheiro em formato FASTA. É criada uma árvore de genes a partir das sequências FASTA, utilizando o método de junção de vizinhos. O software ClustalX2 é utilizado para criar a árvore genética, uma vez que permite um cálculo mais exato da árvore genética do que o Matlab. Em primeiro lugar, é utilizada uma interface gráfica para descarregar sequências em formato FASTA, efetuar um alinhamento e, em seguida, criar uma árvore utilizando os métodos UPGMA ou Neighbor Joining (NJ). Primeiro, as sequências FASTA são descarregadas, depois é efectuado um alinhamento das sequências descarregadas e, em seguida, é criada uma árvore utilizando o método NJ. O NJ é rápido, ao contrário do UPGMA. Os nós finais da árvore de genes são utilizados para criar sequências de proteínas, enquanto os ramos representam as vias evolutivas das diferentes proteínas.

3.3.3 . Algoritmo de sobreposição de espécies

O método do algoritmo de sobreposição de espécies é utilizado para encontrar ortólogos. A entrada para este algoritmo é uma árvore de genes, e ele marca as espécies para os nós da árvore e também os eventos de duplicação para concluir o ortólogo. Para fazer corresponder genes a espécies no algoritmo de sobreposição de espécies, é necessário um ficheiro de identificação de genes que contenha os genes listados na árvore de genes e as espécies correspondentes. Para marcar os nós internos com eventos de duplicação e especiação, o algoritmo percorre todos os nós da árvore e executa os passos descritos abaixo:

a) Para cada nó individual, são encontradas as duas separações de árvore que contêm nós filhos ligados a outros nós.
b) Para cada nó, o número de pontos de sobreposição de espécies é calculado especificamente entre duas separações:

$$score = \frac{both\ partition\ number\ of\ species\ common}{both\ partitions \sum of\ species}$$

c) se a pontuação de sobreposição de espécies calculada para o nó for superior ao limiar, este pode ser marcado como um evento de duplicação; caso contrário, é considerado um evento de especiação.

Para obter previsões ortólogas mais exactas, é utilizado um valor de zero. Depois de todos os nós da árvore genética terem sido marcados como duplicação ou especiação, o ortólogo da proteína da linha germinativa pode ser encontrado determinando o progenitor comum a cada proteína e à proteína da linha germinativa e, em seguida, determinando se um nó comum a ambas as proteínas é um nó de especiação ou de duplicação. Se o nó for um nó de duplicação, é um parálogo, caso contrário é um ortólogo.

3.3.4 Percorrer uma distância patrística em pares

Um passo importante nos estudos filogenéticos é a deteção de genes ortólogos e paralólogos em diferentes espécies. Foram desenvolvidos vários métodos. A distância patristica entre pares é também conhecida como distância entre árvores, que é utilizada para determinar corretamente genes paralógicos e ortólogos utilizando o algoritmo de sobreposição. Quando nos deslocamos de um nó de um táxon para outro numa árvore, percorremos um caminho que representa um grupo de ramos. Isto indica a diferença evolutiva entre os genes. São calculadas percorrendo caminhos através dos ramos da árvore, ligando assim a distância patrística entre ramos. A distância patrística entre todos os pares de genes é avaliada e é criada uma matriz para resumir as alterações filogenéticas ou genéticas. É calculada uma matriz de distância patrística entre os nós terminais. Esta distância é examinada entre o gene de interesse e todos os outros genes da árvore, e os genes cuja distância é inferior ao valor limite são selecionados como genes de interesse. Finalmente, os genes que satisfazem a pontuação e estão abaixo do valor limiar para a distância patristic par a par podem ser selecionados como genes semente.

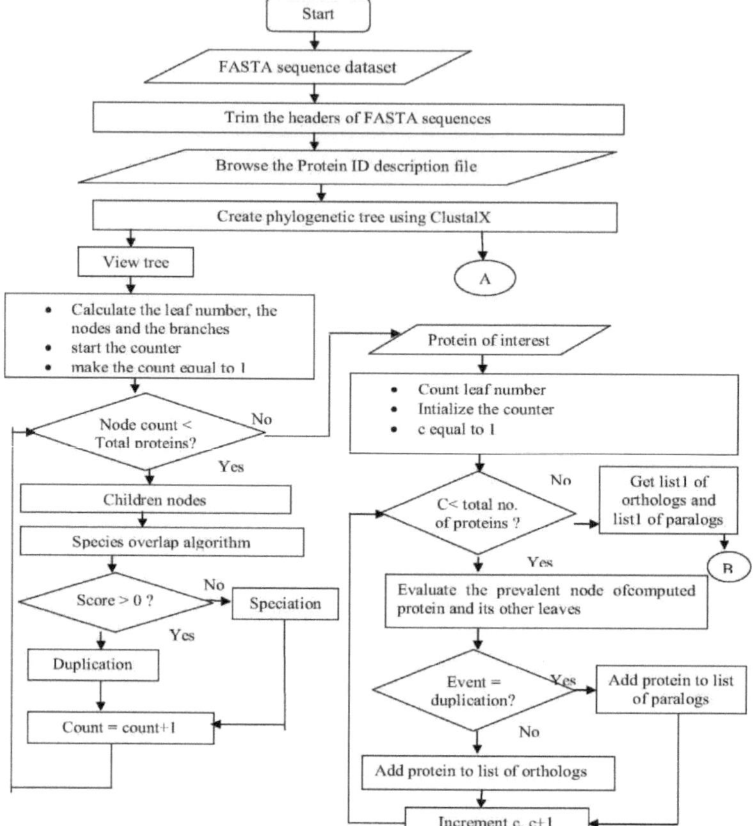

Fig. 3.1 (a) Algoritmo de reconhecimento de ortólogos e parálólogos

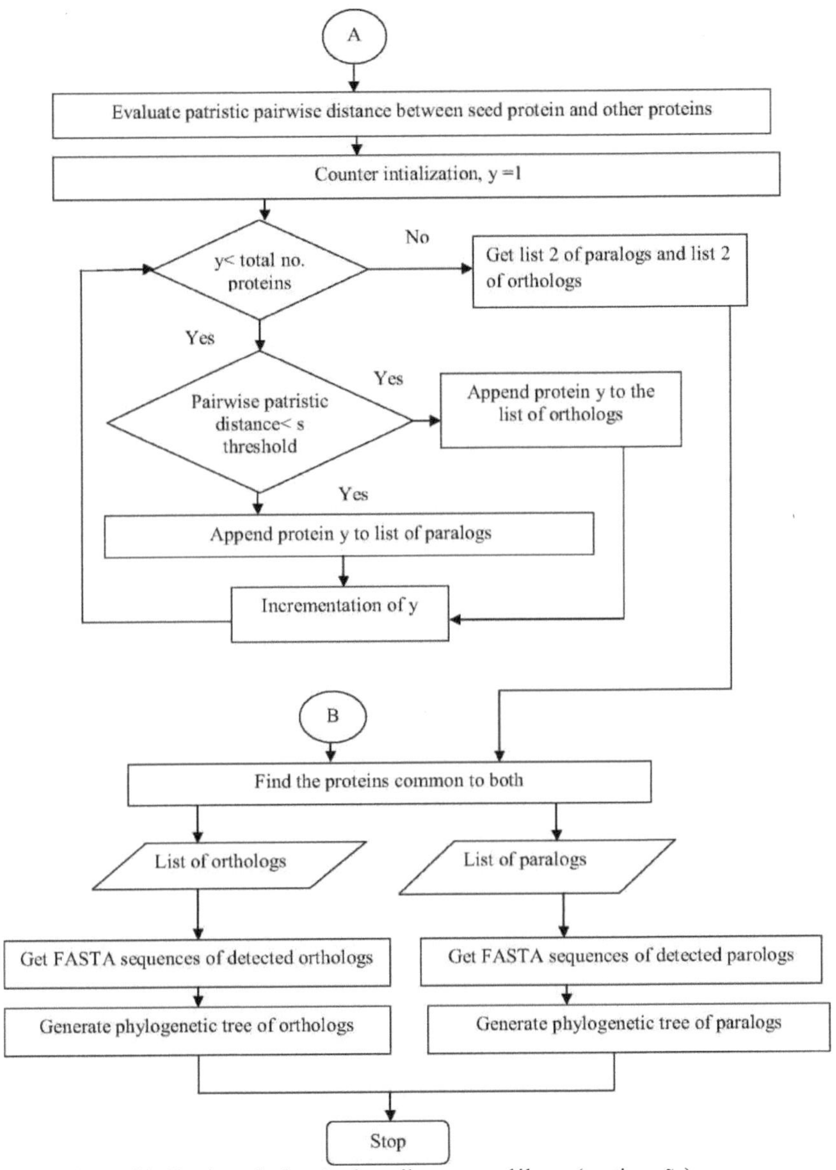

Fig. 3.1 (b) Algoritmo de deteção de ortólogos e paralólogos (continuação)

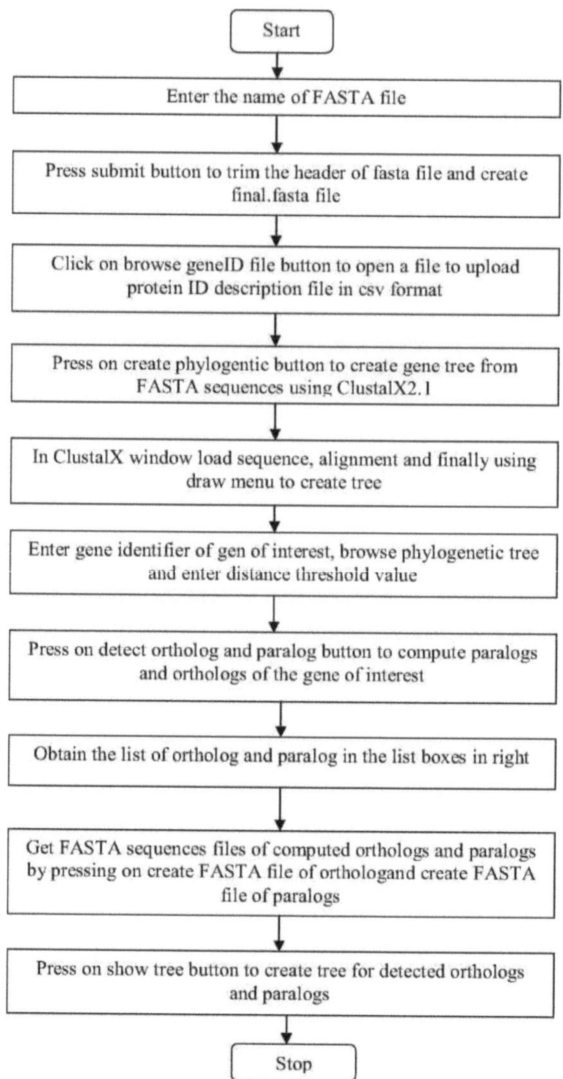

Fig. 3.2 Diagrama de fluxo de trabalho para o programa de reconhecimento de ortólogos e paralólogos

O diagrama do fluxo de trabalho mostra como os vários botões da interface gráfica do utilizador desenvolvida em Matlab são utilizados para reconhecer ortólogos e parálogos. O fluxo de trabalho começa com a transmissão do ficheiro de sequência FASTA (por exemplo, xyz.fasta) como entrada para o programa através do botão "submit". Em seguida, o botão "Create phylogenetic tree" (Criar árvore filogenética) abre a janela do ClustalX para criar uma árvore genética. O método NJ é utilizado para a criação. Em seguida, o botão Exibir árvore apresenta a árvore genética criada com o botão Criar uma árvore filogenética. Em seguida, procure o ficheiro de espécies de genes. Este ficheiro deve estar no formato CSV separado por vírgulas e conter o identificador do gene e o nome da espécie. Em seguida, o identificador do gene cujo ortólogo e parálogos devem ser encontrados é introduzido no sítio certo da caixa de texto, juntamente com a árvore de genes criada e o limiar de distância. Se clicar no botão Detetar ortólogos e paralólogos, é apresentada uma lista de ortólogos e paralólogos à direita. O número de ortólogos e paralólogos também é apresentado por baixo dos campos da lista. Se clicar nos botões Create ortholog fasta file (Criar ficheiro fasta ortólogo) e Create paralog fasta file (Criar ficheiro fasta paralógico), é criado um ficheiro fasta com os ortólogos e paralólogos calculados, respetivamente. Finalmente, clique no botão Exibir árvore para exibir a árvore de ortólogos e paralólogos calculados.

Capítulo 4
RESULTADOS E DISCUSSÃO

4.1 Resultados

Nesta secção, apresentamos os resultados da deteção de ortólogos e paralólogos após a execução do algoritmo tido em conta. O MATLAB é utilizado para desenvolver o programa. O principal objetivo é desenvolver um método de deteção de ortólogos e paralólogos. Ao recolher dados de diferentes métodos de reconhecimento de ortólogos, tais como Inparanoid, PHOG, FATCAT, NCBI, EGGNOG, Metaphors e Ensemble, foi criado um conjunto de dados de sequências de entrada Fasta. Além disso, foi utilizado o serviço UniProt ID Mapping para criar um conjunto de dados de identificação comum. O UniParc também foi utilizado para obter um conjunto comum de identificadores. No total, foram criadas 80 sequências de proteínas FASTA. São apresentados abaixo exemplos de sequências FASTA:
>sp|Q810A1|ZNF18_MOUSE Proteína de dedo de zinco 18 OS=músculo GN=Znfl8 PE=2SV=1

MPVDLGQALGPLPFLAKAEDATFSASDATQQRELANPETARQLFRQFRYQVL
SGPQETLRQLRKLCFQWLRPEVHTKEQILELLMLEQFLTILPGEIQMWVRKQ
CPGSGQEAVTLVESLKGEPQKLWHWISTQVLGQEIPFEKENLTHCPGDKLEP
ALEVEPSLEVAPQDLPLQNSSSATGELLSHGVKEESDMEPELALAASQLPARP
EERPVRDQELGTAVLPPLQEEQWRHLDSTQYWDLMLETYGKMVSGVA
GISNSKPDLTNLAEYGEELVGLHLHGAEKMARLPCKEDRQENDKENLNLEN
HRDQGCLDVFCQASGEAPPQTALSDFFGESEPHRFGGDSVPEALENHQGEGT
GAHLFPYERGSGKQPGHIQSSLGELTALWLEEKREASQKGQARSPMAQKL
PTCRECGKTFYRNSQLVFHQRTHTGETYFHCHICKKAFLRSSDFVKHQRTHT
GEKPCKCDYCGKGFSDFSGLRHHEKIHTGEKPYKCPLCEKSFIQRSNFNRHQR
VHTGEKPYKCTHCGQFSWSSSLDKHQRSHLGKMPCP

>tr|G3GZ45|G3GZ45_CRIGR Proteína de dedo de zinco 18 OS=Cricetulus griseus GN=I79_003096 PE=4SV=1

MPVDLGQALGLQPSLTKAKAEDVTFSGSDATQQRELTNPETARQLFRQFRY
QVMSGPQETLRQLRKLCFQWLRPEVHTKEQILEILMLEQFLTILPGEIQMWVR
KQCPGSGEEAVTLVESLKGDPRRLWQWIGVQVLGQEIPSEKVNSAHCQGGE
VEPRLEVVPQDLSLQNSPSAPGELLSHGVKEESDMEPELALAASQLPARPEER
PSRDQDMGTAFLPAVHQEQWRHLDSTQYWDFMLETYGKMVSGAGISN
SKPDLTNIADYGEELAGLQLHISEKIPRLTCKEDRQENDKENLNLENHRDQGS
LDVFCQASGEAPPQTALDFLGESELHRFGGENVPEALESLQGEGPPGQLFPP
ERGPGQLGQHIQTSSSGELSALWLEEKREASQKGQARAPMAQKLPTCRDC
GKTFYRNSQLVFHQRTHTGETYFHCPICKKAFLRSSDFVKHQRTHTGEKPCK
CDYCGKGFSDLSGLRYHEKIHTGEKPYKCPICEKRFIQRSNFNRHQRVHTGEK

PYKCTHCGKRFSWSSSLDKHQRSHLGKPCP

Aqui estão algumas sequências FASTA para o gene Q810A1 em Mus musculus e o gene G3GZ45 em Cricetulus griseus. Em primeiro lugar, é criada uma árvore filogenética de genes no programa CulstalX2.1 com o ficheiro de sequência FASTA como entrada. O algoritmo utilizado para criar a árvore é o Neighbor Joining. É utilizado um valor de sobreposição de espécies como limiar para marcar os nós que são nós internos na árvore genética filogenética com eventos de especiação e duplicação. O algoritmo de sobreposição de espécies é um método substituto para compreender eventos evolutivos a partir de filogenias. Este método não requer que a árvore de genes/espécies seja reconciliada. Para decidir se um determinado nó é um evento de duplicação ou um evento de especiação, usamos o grau de sobreposição entre as espécies que representam os dois nós sucessores desse nó. Este valor é igual a 0,0 para obter os melhores resultados. Se o grau de sobreposição entre as espécies for superior ao valor limite, o nó pai pode ser marcado como um evento de duplicação, caso contrário, como um evento de especiação. A previsão de ortólogos e parálogos é ainda filtrada pela distância patrística entre pares, de modo a obter resultados exactos. Esta distância controla a relação entre a proteína de interesse e as outras proteínas nas sequências. A utilização desta distância elimina as proteínas distantemente relacionadas. Para obter um resultado exato, é utilizado um limite de distância patristic aos pares de 00,89 como limiar de distância.

Tabela 4.1 Especificação do limiar

Value of score (SOS)	Value of Patristic pairwise distance
Zero	00.89

Aplicando o método proposto e valores de limiar adequados, o ortólogo e o
Os paralogues identificados para o gene Q810A1 são apresentados na Figura 4.1.

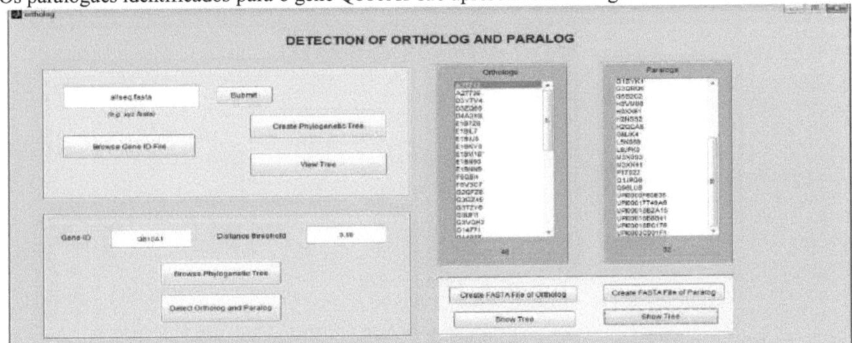

Fig. 4.1 Ortólogo e parálogo previstos para o gene Q810A1

Utilizando o resultado acima e as equações 1.1 e 1.2, o trabalho proposto gera a exatidão e o coeficiente de correlação para a deteção de ortólogos:

Tabela 4.2 Valor de medição para a previsão Ortholg

Accuracy	Correlation coefficient
0.81 (81%)	0.61

Os resultados são filtrados utilizando limiares de distância de pares patrísticos, que permitem ao utilizador modificar a proximidade entre os genes e os seus paralogues e ortólogos. Foi desenvolvida uma interface gráfica de fácil utilização em Matlab para permitir ao utilizador operar facilmente o sistema.

4.2 Discussão

Desenvolvemos um programa que detecta genes ortólogos e parólogos. Para avaliar o trabalho proposto, comparámos os resultados obtidos com diferentes métodos. A precisão e a correlação podem ser calculadas acedendo aos resultados falsos positivos, falsos negativos, verdadeiros positivos e verdadeiros negativos. Ao contrário dos métodos de previsão de ortólogos, existem diferentes métodos e um certo número de proteínas de entrada. Oferece uma lista de quase todas as proteínas ortólogas e paranálogas. Foi concebida uma interface gráfica amigável para facilitar a utilização. São utilizadas as distâncias SOS e patristic pairwise para obter um resultado exato. O valor limite pode ser facilmente ajustado através da interface do utilizador para obter ortólogos mais próximos.

Capítulo 5
CONCLUSÃO E ÂMBITO FUTURO

5.1 Conclusão

Nesta tese, os genes ortólogos e parólogos são identificados utilizando o método filogenético. Todos os genes que têm uma origem comum são classificados como homólogos. Os genes ortólogos e paralólogos são genes homólogos que evoluíram de forma divergente como resultado de especiação ou duplicação no último antepassado comum.

A abordagem filogenética oferece maior precisão do que outros métodos, como o BLAST. As árvores filogenéticas são o resultado de análises evolutivas. Ilustram a relação evolutiva entre uma série de sequências homólogas. O algoritmo de sobreposição de espécies examina o grau de sobreposição entre as espécies envolvidas em dois nós relacionados para decidir se o seu nó predecessor representa um evento de especiação ou duplicação. Isto elimina a necessidade de um cálculo aprofundado da correspondência entre espécies e genes. O limiar da distância patrística entre pares é então utilizado para obter ortólogos e parálogos exactos, e o programa calcula então a árvore filogenética dos ortólogos e parálogos reconhecidos.

O Matlab permite-lhe criar uma interface gráfica de fácil utilização. No entanto, o DODO, o Inparanoid, o QuartetS, o OMA, etc., não oferecem uma interface tão fácil de utilizar. O programa é fácil de compreender e de aplicar e permite obter resultados de qualidade com uma complexidade reduzida. A comparação das várias ferramentas com o presente trabalho é apresentada no Quadro 5.1.

Quadro 5.1 Comparação das diferentes ferramentas com o presente trabalho

Feature / Methods	Independent program	Interface	Prediction Controlled	Complexity of program	Execution speed	Remarks
OthoMCL	Yes	Cmd	Yes	Moderate	----	Graph based
DODO	Yes	Cmd	No	High	----	Graph based
Ortholuge DB	Yes	Cmd	No	Moderate	Moderate	Tree based
PHOG	No	----	Yes	Moderate	Moderate	Tree based
FATCAT	No	----	Yes	High	Slow	Tree based
OMA	Yes	Cmd	No	Moderate	Moderate	Tree based
Inparanoid	Yes	Cmd	Yes	Moderate	Moderate	Graph based
EggNOG	No	----	Yes	High	Fast	Graph based
TreeFam	No	----	No	High	Slow	Tree based
YOGY	No	----	No	Low	----	Integrated method
DIOPT	No	----	No	Low	----	Integrated method
HCOP	No	----	Yes	Low	Moderate	Integrated
MetaPhors	No	----	Yes	High	Slow	Tree based

Tabela 5.1 Comparação de diferentes ferramentas com este trabalho (continuação)

LOFT	Yes	Graphical	No	Low	Fast	Tree Based
EchinoDB	No	----	----	Moderate	Fast	Tree based
Ortho venn	No	----	No	High	Slow	Graph based
Round up	No	----	Yes	Moderate	Fast	Graph based
OrthAgogue	No	----	No	Moderate	Moderate	Graph based
Present work	Yes	Graphical	Yes	Low	Fast	Tree based

Interface de linha de comando *Cmd

O método proposto é comparado com diferentes métodos de previsão de ortólogos existentes, tais como inparanoid, OMA, DODO, FATCAT e muitos outros. Esta comparação baseia-se nas diferentes caraterísticas. Os métodos acima descritos apenas prevêem ortólogos e não paralólogos. No entanto, o nosso método proposto é capaz de detetar tanto ortólogos como paralólogos. O presente trabalho propõe um programa de utilizador autónomo com uma interface gráfica de fácil utilização. A complexidade e a velocidade do programa são baixas e rápidas, respetivamente.

A exatidão e o coeficiente de correlação podem ser avaliados através da aplicação de diferentes métodos a um conjunto de dados idêntico. O OMA referido em [67], o LOFT referido em [44] e o shaifu referido em [81] produzem o seguinte resultado de previsão ortóloga.

Quadro 5.2 Comparação com base nos valores de medição

Method	Number of orthologs predicted	Accuracy	Correlation coefficient
LOFT	44	0.76 (76%)	0.50
OMA	49	0.79 (79%)	0.58
SHAIFU	24	0.72 (72%)	0.50
Present work	46	0.81 (81%)	0.61

5.2 Âmbito de aplicação futuro

O processo proposto pode ser alargado à anotação funcional de ortólogos. A eficiência e a exatidão podem ser verificadas utilizando um grande conjunto de dados. Podem ser acrescentadas outras funções, como a mutação de genes, a localização de genes a partir de genomas sequenciados, a identificação de repetições de sequência única (SSR) e de polimorfismos de nucleótido único (SNP) e a conceção de primers para a validação de genes ortólogos. Também é possível criar uma interface baseada na Web, para que o programa possa ser acedido remotamente.

REFERÊNCIAS

[1] David W. Mount, "Bioinformatics, sequence and genome analysis", J. *Chem. Inf. Model.* vol. 53, no. 9, pp. 1689-1699, 2013.

[2] A. Singh e K. K. Das, "Aplicação de técnicas de extração de dados em Aplicação de técnicas de extração de dados em", 2007.

[3] S. Kim, "Métodos de agrupamento para encontrar ortólogos entre várias espécies", "Clustering Methods for Finding Orthologs among Multiple Species".

Tese de doutoramento, não. agosto de 2007.

[4] K. Chao, " Conceitos básicos de ADN, Proteínas, Genes e Genomas - Os Ácidos Nucleicos " : DNA and RNA", p. 1-5, 2006.

[5] P. Bhambri e O. P. Gupta, "A Novel Method for the Design of Phylogenetic Tree", *Int. J. IT, Eng. Appl. Sci. Res.* vol. 1, no. 1, pp. 24-28, 2012.

[6] J. Rizzo e E. C. Rouchka, "Review of Phylogenetic Tree Construction Review of Phylogenetic Tree Construction", *Bioinforma. Rev.* 2007.

[7] K. Dowell, "Molecular phylogenetics: an introduction to computer-assisted methods and tools para a análise de relações evolutivas", *Mol. Phylogenetics,* p. 1-19, 2008.

[8] B. G. Hall, "Phylogenetic Trees Made Easy: A How-to Manual", vol. 96, n.º 4, pp. 469-470, 2011.

[9] W. Interscience, *revisão de Bioinformatics: A Practical Guide to the Analysis of,* vol. 26. 2002.

[10] M. Talianova, "Survey of molecular phylogenetics", *Plant, Soil Environ,* vol. 53, n.º 9, pp. 413-416, 2007.

[11] N. M. Saitou N, "The Neighbor-joining Method: A New Method for Reconstructing Phylogenetic Trees'," *Mol. Biol. Evol.* vol. 4, no. 4, pp. 406-425, 1987.

[12] A. Stamatakis, "Distributed and parallel algorithms and systems for inference of huge phylogenetic trees based on the maximum likelihood method", *Archaea,* 2004.

[13] A. W. F. Edwards, "Statistical methods for evolution trees", *Genetics,* vol. 183, no. 1. p. 5-13, 2009.

[14] A. N. Egan eK .A. Crandall, "Theory of Phylogenetic Estimation", *Mol. Biol.* no. outubro, p. 1-26, 2015.

[15] J. P. Huelsenbeck e D. M. Hillis, "Successes of Phylogenetic Methods in the Four-Taxon Case", *Syst. Biol,* vol.

42, no. 3, pp. 247-264, 1993.

[16] M. D. Whiteside, "Computational Ortholog Prediction: Evaluating Use Cases and Improving High-Throughput Performance by", 2013.

[17] M. Remm, C. E. Storm, e E. L. Sonnhammer, "Automatic clustering of orthologs and inparalogs from pairwise species comparisons", J. *Mol. Biol.* vol. 314, no. 5, pp. 1041-52, 2001.

[18] C. E. V. Storm e E. L. L. Sonnhammer, "Automated orthology inference from phylogenetic trees and calculation of orthology reliability", *Bioinformatics,* vol. 18, no. 1, pp. 92-99, 2002.

[19] J. Jun, I. I. Mandoiu, e C. E. Nelson, "Identification of mammalian orthologs using local synteny," *BMC Genomics,* vol. 10, p. 630, 2009.

[20] B. F. Gomes, "TreeHop: um método para melhorar o reconhecimento de ortologias", 2013.

[21] J. F. Dufayard, L. Duret, S. Penel, M. Gouy, F. Rechenmann, e G. Perriere, "Tree pattern matching in phylogenetic trees: Automatic search for orthologs or paralogs in homologous gene sequence databases", *Bioinformatics,* vol. 21, no. 11, pp. 2596-2603, 2005.

[22] A. Kuzniar, R. C. H. J. van Ham, S. Pongor e J. A. M. Leunissen, "The quest for orthologs: finding the corresponding gene across genomes", *Trends Genet.* vol. 24, no. 11, pp. 51-551,2008. 24, no. 11, pp. 539-551,2008.

[23] D. M. Kristensen, Y. I. Wolf, A. R. Mushegian, e E. V. Koonin, "Computational methods for Gene Orthology inference", *Brief. Bioinform,* vol. 12, n.° 5, pp. 379-391, 2011.

[24] M. N. Price, P. S. Dehal, e A. P. Arkin, "FastTree 2 - Aproximadamente a máxima verosimilhança Trees for great alignments", *PLoS One,* vol. 5, no. 3, 2010.

[25] C. M. Zmasek e S. R. Eddy, "RIO: analisar proteomas por filogenómica automatizada utilizando inferência reamostrada de ortólogos", *BMC Bioinformatics,* vol. 3, p. 14, 2002.

[26] A. J. Vilella, J. Severin, A. Ureta-Vidal, L. Heng, R. Durbin, andE . Birney, "EnsemblCompara GeneTrees : Árvores filogenéticas completas e sensíveis à duplicação em vertebrados", *Genome Res.,* vol. 19, no. 2, pp. 327-335, 2009.

[27] J. Huerta-Cepas, S. Capella-Gutierrez, L. P. Pryszcz, I. Denisov, D. Kormes, M. Marcet-Houben, e T. Gabaldon, "PhylomeDB v3.0: An expanding repository of genome-wide collections of trees, alignments and phylogeny-based orthology and paralogy predictions", *Nucleic Acids Res.* vol. 39, no. SUPPL. 1, pp. 556-560, 2011.

[28] T. O'Connor, K. Sundberg, H. Carroll, M. Clement, e Q. Snell, "Analysis of long branch extraction and long branch shortening", *BMC Genomics,* vol. 11 Suppl 2, no. 11 Suppl 2, no. Suppl 2, p. S14, 2010.

[29] C. M. Zmasek e S. R. Eddy, "A simple algorithm to infer gene duplication and speciation events on a gene tree", *Bioinformatics,* vol. 17, no. 9, pp. 821-828, 2001. 17, no. 9, pp. 821-828, 2001.

[30] A. M. Altenhoff, R. A. Studer, M.Robinson-Rechavi, etC.Dessimoz, "La dissolution du

'Orthologous conjecture: orthologs tend to be weakly, but significantly, more similar in function than paralogs', *PLoS Comput. Biol.",* vol. 8, no. 5, 2012.

[31] D. L. Fulton, Y. Y. Li, M. R. Laird, B. G. S. Horsman, F. M. Roche, e F. S. L. Brinkman, "Improving the specificity of high-throughput ortholog prediction", *BMC Bioinformatics,* vol. 7, no. 1,p. 270, 2006.

[32] H. Li, A. Coghlan, J. Ruan, L. J. Coin, J.-K. Heriche, L. Osmotherly, R. Li, T. Liu, Z. Zhang, L. Bolund, G. K. Wong, W. Zheng, P. Dehal, J. Wang e R. Durbin, "TreeFam: a curated database of phylogenetic trees of animal gene families", *Nucleic Acids Res.* vol. 34, no. Database edition, pp. D572-80, 2006. 34, no. Database edition, pp. D572-80, 2006.

[33] I. A. Vergara e N. Chen, "Large synteny blocks revealed between Caenorhabditis elegans and Caenorhabditis briggsae genomes using OrthoCluster", *BMC Genomics,* vol. 11, p. 516, 2010.

[34] J. L. Bennetzen, " ComparativeSequenceAnalysisofPlantNuclearGenomes : Microcolinearity and its many exceptions", *Plant Cell,* vol. 12, no. Juli, pp. 1021-1030, 2000.

[35] X. Zeng, M. J. Nesbitt, J. Pei, K. Wang, I. a Vergara, e N. Chen, "OrthoCluster: uma nova ferramenta para a extração de blocos de sintenia e aplicações em genómica comparativa", *EDBT 08 Proc. 11th Int. Conf. Extending database Technol.* p. 656-667, 2008.

[36] I. A. Vergara e N. Chen, "Using orthoCluster for the detection of synteny blocks among multiple genomes", *Cur-rent Protocols in Bioinformatics,* no. SUPPL. 27. pp. 1-18, 2009.

[37] J. Salse, B. Piegu, R. Cooke, e M. Delseny, "Synteny between Arabidopsis thaliana and rice at the genome level: a tool to identify conservation in the ongoing rice genome sequencing project", *Nucleic Acids Res.* vol. 30, no. 11, pp. 2316-28, 2002.

[38] J. L. Shultz, J. D. Ray e D. A. Lightfoot, "A sequence based synteny map between soybean and Arabidopsis thaliana", *BMC Genomics,* vol. 8, p. 8, 2007.

[39] P. E. McClean, S. Mamidi, M. McConnell, S. Chikara, e R. Lee, "Synteny mapping between common bean and soybean reveals extensive blocks of shared loci", *BMC Genomics,* vol. 11, p. 184, 2010.

[40] F. Chen, A. J. Mackey, J. K. Vermunt, e D. S. Roos, "Assessing performance of orthology detection strategies applied to eukaryotic genomes", *PLoS One,* vol. 2, no. 4, 2007.

[41] A. Manuscrit, "evolutionary correlations", *Bioinformatik,* vol. 22, no. 7, pp. 779-788, 2006.

[42] Y. Lee, R. Sultana, G. Pertea, J. Cho, S. Karamycheva, J. Tsai, B. Parvizi, F. Cheung, V. Antonescu, J. White, I. Holt, F. Liang, e J. Quackenbush, "Cross-referencing eucariotic genomes: TIGR orthologous gene alignments (TOGA),". *Genome Res,* vol. 12, no. 3, pp. 493-502, 2002.

[43] R. L. Tatusov, N. D. Fedorova, J. D. Jackson, A. R. Jacobs, B. Kiryutin, E. V Koonin, D. M. Krylov, R. Mazumder, S. L. Mekhedov, A. N. Nikolskaya, B. S. Rao, S. Smirnov, A. V. Sverdlov, S. Vasudevan, Y. I. Wolf, J. J. Yin, e D. A. Natale, "The COG database: an updated version includes eukaryotes, "*BMC*

Bioinformatics, vol. 4, p. 41, 2003.

[44] L. Li, C. J. Stoeckert, andD . S. Roos, "OrthoMCL: Identificação de grupos ortólogos para genomas eucarióticos", *Genome Res.,* vol. 13, no. 9, pp. 2178-2189, 2003.

[45] R. T. J. M. van der Heijden, B. Snel, V. van Noort, e M. A. Huynen, "Orthology prediction at scalable resolution by phylogenetic tree analysis", *BMC Bioinformatics,* vol. 8, p. 83, 2007.

[46] J. Ruan, H. Li, Z. Chen, A. Coghlan, L. J. M. Coin, Y. Guo, J. K. Heacute;riche, Y. Hu, K. Kristiansen, R. Li, T. Liu, A. Moses, J. Qin, S. Vang, A. J. Vilella, A. Ureta-Vidal, L. Bolund, J. Wang, e R. Durbin, "TreeFam: Atualização de 2008," *Nucleic Acids Res,* vol. 36, no. SUPPL. 1, S. 735-740, 2008.

[47] F. Schreiber, M. Patricio, M. Muffato, M. Pignatelli, e A. Bateman, "TreeFam v9: Um novo sítio Web, mais espécies e ortologia on-the-fly", *Nucleic Acids Res,* vol. 42, no. D1, pp. 922-925, 2014.

[48] C. E. V. Storm e E. L. L. Sonnhammer, "Comprehensive Analysis of Orthologous Protein Domains Using the HOPS Database Comprehensive Analysis of Orthologous Protein Domains Using the HOPS Database", *Genome Res.,* vol. 13, no. 10, pp. 2353-2362, 2003.

[49] L. P. Pryszcz, J. Huerta-Cepas, and T. Gabaldon, "MetaPhOrs: Orthology and paralogy predictions from multiple phylogenetic evidence using a consistency-based confidence score," *Nucleic Acids Res,* vol. 39, no. 5, 2011.

[50] J. Huerta-Cepas, H. Dopazo, J. Dopazo, e T. Gabaldon, "Das menschliche Phylom", *Genome Biol,* vol. 8, no. 6, p. R109, 2007.

[51] J. Huerta-Cepas, J. Dopazo, and T. Gabaldon, "ETE: a python Environment for Tree Exploration", *BMC Bioinformatics,* Vol. 11, No. 1, p. 24, 2010.

[52] J. Huerta-Cepas, A. Bueno, J. Dopazo e T. Gabaldon, "PhylomeDB: A database for genome-wide collections of gene phylogenies," *Nucleic Acids Res.* vol. 36, no. SUPPL. 1, pp. 491-496, 2008.

[53] S. Penel, A. Arigon, J. Dufayard, A.-S. Sertier, V. Daubin, L. Duret, M. Gouy, e G. Perriere, "Databases of homologous gene families for comparative genomics", *BMC Bioinformatics,* vol. 10 Suppl 6, p. S3, 2009.

[54] R. S. Datta, C. Meacham, B. Samad, C. Neyer, andK . Sjolander, "Berkeley PHOG : PhyloFacts orthology group prediction web server", *Nucleic Acids Res,* vol. 37, no. SUPPL. 2, S. 84-89, 2009.

[55] M. G. Conte, S. Gaillard, G. Droc, e C. Perin, "Phylogenomics of plant genomes: a methodology for genome-wide searches for orthologs in plants", *BMC Genomics,* vol. 9, p. 183, 2008.

[56] R. L. Tatusov, E. V. Koonin, e D. J. Lipman, "A genomic perspective on protein families", *Science,* vol. 278, no. 5338, pp. 631-637, 1997.

[57] D. M. Kristensen, L. Kannan, M. K. Coleman, Y. I. Wolf, A. Sorokin, E. V. Koonin e A. Mushegian, "A low-polynomial algorithm for assembling clusters of orthologous groups from intergenomic symmetric best

matches," *Bioinformatics,* vol. 26, no. 12, pp. 1481-1487, 2010.

[58] L. J. Jensen, P. Julien, M. Kuhn, C. VonMering , J.Muller, T. Doerks, e P. Bork, "eggNOG: construção e anotação automatizadas de grupos de genes ortólogos", *Nucleic Acids Res.* vol. 36, no. outubro de 2007, p. 250-254, 2008.

[59] K. S. Makarova et al. "Comparative genomics of the lactic acid bacteria", *Proc. Natl. Acad. Sci. U. S. A.,* vol. 103, no. 42, pp. 15611-6, 2006.

[60] F. Chen, A. J. Mackey, C. J. Stoeckert e D. S. Roos, "OrthoMCL-DB: Querying a comprehensive multi-species collection of ortholog groups", *Nucleic Acids Res.* vol. 34, no. Database Edition, pp. D36-8, 2006. 34, no. Database Edition, pp. D363-8, 2006.

[61] A. J. Enright, S. Van Dongen, e C. A. Ouzounis, "An efficient algorithm for large-scale detection of protein families", *Nucleic Acids Res.* vol. 30, no. 7, pp. 1575-1584, 2002. 30, no. 7, pp. 1575-1584, 2002.

[62] J. O. Woods, U. M. Singh-Blom, J. M. Laurent, K. L. Mcgary, e E. M. Marcotte, "Prediction of gene-phenotype associations in humans, mice, and plants using phenologs," *BMC Bioinformatics,* vol. 14, pp. 1-17, 2013.

[63] Z. Karanyi, I. Holb, I. Hornok, Laszlo Pocsi, e M. Miskei, "FSRD: Base de dados de resposta ao stress fúngico," *Database,* vol. 2013. pp. 1-6, 2013.

[64] J. Ciomborowska, W. Rosikiewicz, D. Szklarczyk, W. Makalowski, e I. Makalowska, "'Orphan' retrogenes in the human genome", *Mol. Biol. Evol.* vol. 30, no. 2, pp. 384-396, 2013.

[65] M. P. Hoeppner e A. M. Poole, "Comparative genomics of eukaryotic small nucleolar RNAs reveals deep evolutionary ancestry amidst ongoing intragenomic mobility," *BMC Evol. Biol.* vol. 12, no. 1, p. 183, 2012.

[66] A. C. Berglund, E. Sjolund, G. Ostlund e E. L. Sonnhammer, "InParanoid 6: Eukaryotic ortholog clusters with inparalogs", *Nucleic Acids Res.* vol. 36, no. SUPPL. 1, S. 263-266, 2008.

[67] E. L. L. Sonnhammer e G. Ostlund, "InParanoid 8: Análise de ortologia entre 273 proteomas, maioritariamente eucarióticos," *NucleicAcids Res.,* vol. 43, no. D1, pp. D234-D239, 2015.

[68] A. M. Altenhoff, N. Sunca, N. Glover, C. M. Train, A. Sueki, I. Pilizota, K. Gori, B. Tomiczek, S. Muller, H. Redestig, G. H. Gonnet, e C. Dessimoz, "O banco de dados de ortologia OMA em 2015: previsões de funções, melhor suporte de plantas, visão de sintenia e outras melhorias", *Nucleic Acids Res.* vol. 43, no. D1, pp. D240-D249, 2015.

[69] C. Yu, N. Zavaljevski, V. Desai, e J. Reifman, "QuartetS: Um algoritmo rápido e preciso para a deteção de ortologia em grande escala," Nucleic Acids Res. vol. 39, no. 13, pp. 1-10, 2011.

[70] T. F. Deluca, J. Cui, J. Y. Jung, K. C. St. Gabriel, e D.P. Wall, "Roundup 2.0: Enabling genómica comparativa para mais de 1800 genomas", *Bioinformatics,* vol. 28, no. 5, pp. 715-716, 2012.

[71] F. Chester, "How to sell services more profitably", *Harv. Bus. Rev,* vol. 86, n.º 12, p. 115, 2008.

[72] D. A. Janies, Z. Witter, G. V. Linchangco, D. W. Foltz, A. K. Miller, A.M. Kerr, J. Jay, R.

W. Reid, e G. A. Wray, "EchinoDB, uma aplicação para transcriptómica comparativa de clados de equinodermes profundamente amostrados", *BMC Bioinformatics,* pp. 1-6, 2016.

[73] T. Chen, T. H. Wu, W. V Ng, e W. Lin, "DODO: an efficient orthologous genes assignment tool based on domain architectures. Domain based ortholog detection", *BMC Bioinformatics,* vol. 11 Suppl 7, no. Suppl 7, p. S6, 2010.

[74] C. Afrasiabi, B. Samad, D. Dineen, C. Meacham e K. Sjolander, "O servidor Web FATCAT da PhyloFacts: identificação de ortólogos e previsão de funções utilizando a classificação rápida de árvores aproximadas", *NucleicAcids Res.* Web Server issue, pp. 242-248, 2013.

[75] J. Muller, D. Szklarczyk, P. Julien, I. Letunic, A. Roth, M. Kuhn, S. Powell, C. Von Mering, T. Doerks, L. J. Jensen, e P. Bork, "eggNOG v2.0: Extending the evolutionary genealogy of genes with enhanced non-supervised orthologous groups, species and functional annotations," *Nucleic Acids Res.* SUPPL.1, pp. 190-195, 2009.

[76] S. Powell, D. Szklarczyk, K. Trachana, A. Roth, M. Kuhn, J. Muller, R. Arnold, T. Rattei, I. Letunic, T. Doerks, L. J. Jensen, C. Von Mering, e P. Bork, "eggNOG v3.0: Grupos ortólogos que abrangem 1133 organismos em 41 gamas taxonómicas diferentes," *Nucleic Acids Res.* vol. 40, no. D1, pp.284-289,2012.

[77] S. Powell, K. Forslund, D. Szklarczyk, K. Trachana, A. Roth, J. Huerta-Cepas, T. Gabaldon, T. Rattei, C. Creevey, M. Kuhn, L. J. Jensen, C. Von Mering, e P. Bork, "EggNOG v4.0: Nested orthology inference across 3686 organisms," *Nucleic Acids Res,* vol. 42, no. D1, pp. 231-239, 2014.

[78] J. Huerta-Cepas, D. Szklarczyk, K. Forslund, H. Cook, D. Heller, M. C. Walter, T. Rattei, D. R. Mende, S. Sunagawa, M. Kuhn, L. J. Jensen, C. von Mering, and P. Bork, "eggNOG 4.5: a hierarchical orthology framework with improved functional annotations for eukaryotic, prokaryotic and viral sequences," *Nucleic Acids Res,* vol. 44, no. DI, pp. D286-93, 2016.

[79] O. K. Ekseth, M. Kuiper, e V . Mironov, "OrthAgogue: Uma ferramenta analítica para a análise rápida de

Prediction of orthology relationships", *Bioinformatics,* vol. 30, no. 5, pp. 734-736, 2014.

[80] Y. Wang, D. Coleman-Derr, G. Chen, e Y. Q. Gu, "OrthoVenn: um servidor web para comparação e anotação de clusters ortólogos em todo o genoma em várias espécies", *Nucleic Acids Res.,* vol. 43, no. W1, pp. W78-84, 2015.

[81] C. J. Penkett, J. A. Morris, V. Wood e J. Bahler, "YOGY: A web-based, integrated database to retrieve protein orthologs and associated Gene Ontology terms," *Nucleic Acids Res.* vol. 34, no. WEB. SERV. ISS. P. 330-334,

2006.

[82] Y. Hu, I. Flockhart, A. Vinayagam, C. Bergwitz, B. Berger, N. Perrimon, e S. E. Mohr, "An integrative approach to ortholog prediction for disease-focused and other functional studies", *BMC Bioinformatics,* Vol. 12, p. 357, 2011.

[83] S. Gupta e M. Singh, "Phylogenetic Method for High-Throughput Ortholog Detection," *Int. J. Inf. Eng. Electron. Bus,* vol. 7, no. 2, pp. 51-59, 2015.

1. ecrã principal do programa

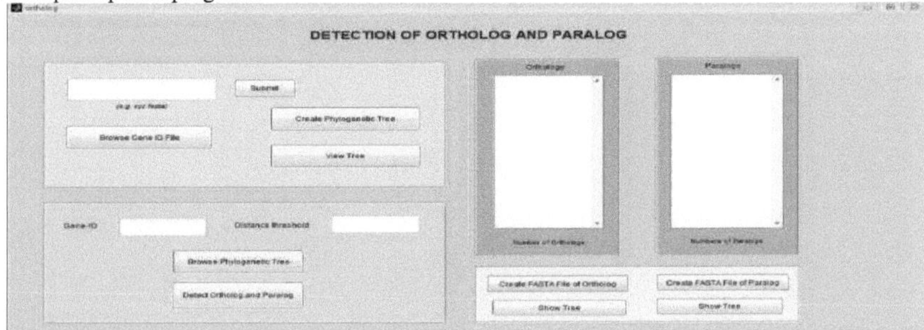

A ilustração mostra o ecrã principal do programa de reconhecimento de ortólogos e paralólogos, localizado em

MATLAB.

2 Transmissão das sequências de entrada em formato FASTA e pesquisa no ficheiro genelD.

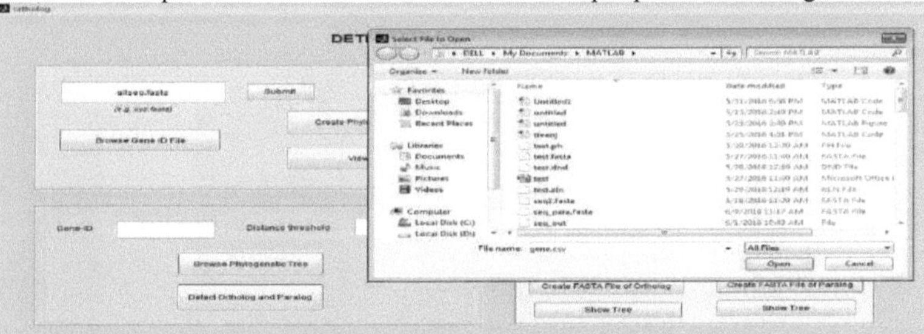

Esta ilustração mostra o ficheiro allseq.fasta, que contém a sequência de proteínas em formato Fasta e procura o ficheiro Gen ID.

3. criar uma árvore filogenética com o ClustalX
Esta ilustração mostra o ecrã principal do clustalx, que se abre depois de clicar em create. árvore filogenética para carregar sequências Fasta para criar a árvore.

Captura de ecrã após o carregamento do ficheiro Fasta que contém as sequências de proteínas no Clustalx.

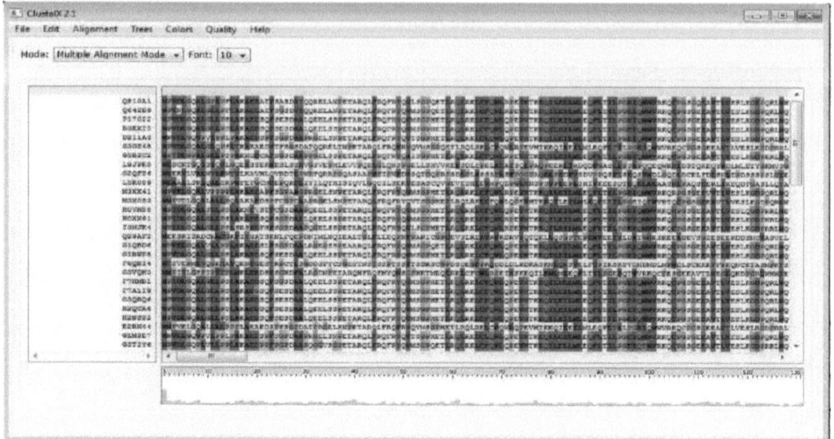

Captura de ecrã que mostra o alinhamento das sequências Fasta carregadas.

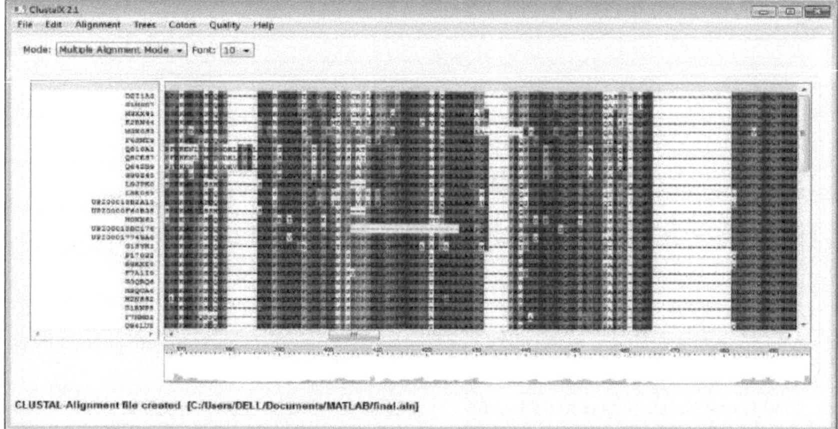

Captura de ecrã que mostra a criação de uma árvore utilizando o cluster Neignbour algoritmo.

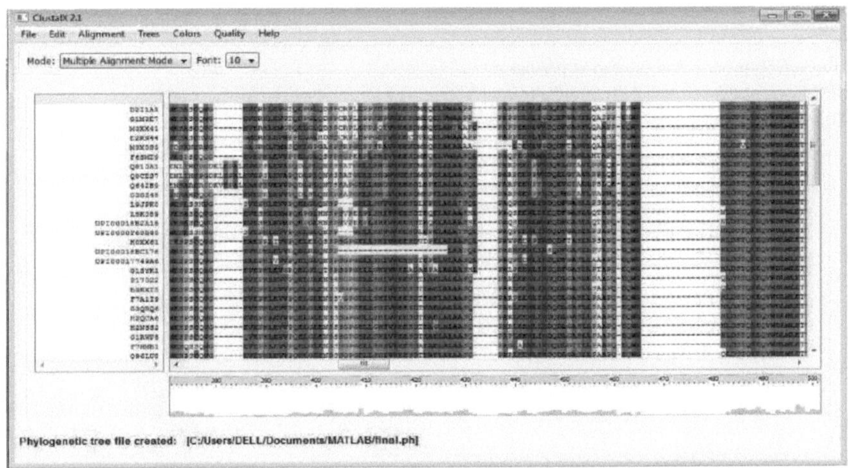

Esta ilustração mostra a árvore filogenética depois de clicar no botão Mostrar árvore

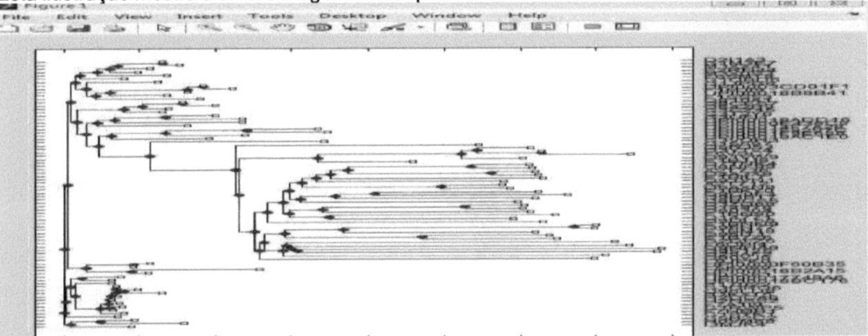

4. deteção de ortólogos e parálogos

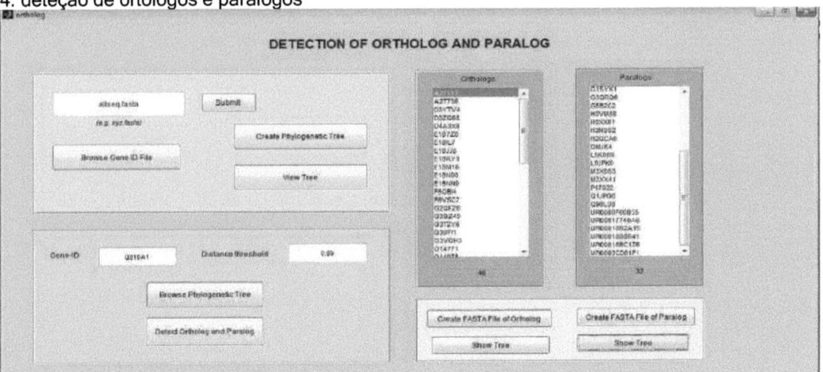

A imagem de ecrã acima mostra o reconhecimento de ortólogos e parálogos após Introduza a ID do gene e o valor limiar e navegue na árvore filogenética. A lista de ortólogos e parálogos é apresentada no campo à direita.

5. árvore filogenética dos ortólogos previstos.

Esta ilustração mostra a árvore criada com o Matlab para os ortólogos encontrados.

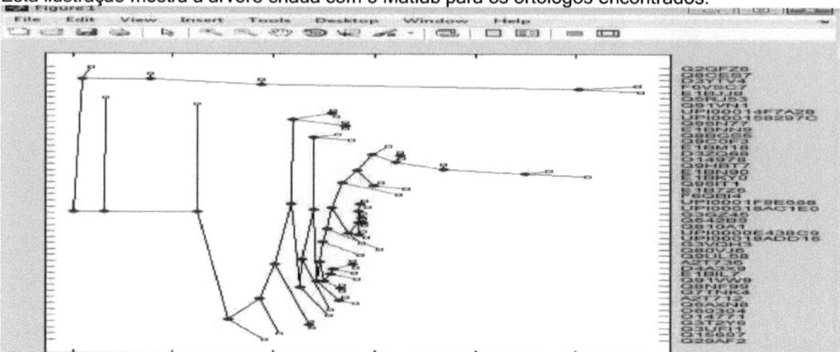

6. Árvore filogenética dos paralogues previstos.

Esta ilustração mostra a árvore criada com o Matlab para os paralogues descobertos.

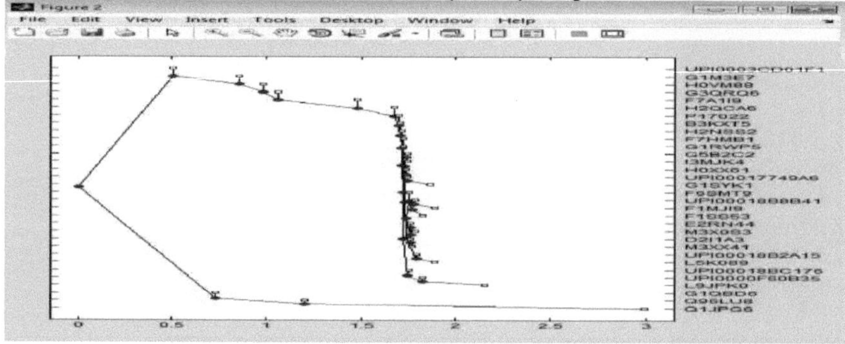

Printed by Books on Demand GmbH, Norderstedt / Germany